人生的资本运营

马荥邑◎著

中国文联出版社
http://www.clapnet.cn

图书在版编目（CIP）数据

人生的资本运营 / 马荥邑著 . — 北京 : 中国文联出版社 ,2017.8 （2025.4 重印）
ISBN 978-7-5190-2962-3

Ⅰ . ①人… Ⅱ . ①马… Ⅲ . ①成功心理—通俗读物
Ⅳ . ① B848.4-49

中国版本图书馆 CIP 数据核字 (2017) 第 199365 号

人生的资本运营

著　　者：马荥邑
出 版 人：朱　庆
终 审 人：金　文　　复 审 人：王　军
责任编辑：郭　锋　　责任校对：王洪强
封面设计：凤凰树文化　　责任印制：陈　晨
出版发行：中国文联出版社
地　　址：北京市朝阳区农展馆南里 10 号，100125
电　　话：010-85923033（咨询）85923000（编务）85923020（邮购）
传　　真：010-85923000（总编室）　010-85923020（发行部）
网　　址：http://www.clapnet.cn　　http://www.claplus.cn
E-mail：clap@clapnet.cn　　guof@clapnet.cn
印　　刷：三河市宏顺兴印刷有限公司
装　　订：三河市宏顺兴印刷有限公司
法律顾问：北京天驰君泰律师事务所徐波律师
本书如有破损、缺页、装订错误，请与本社联系调换
开　　本：700 × 1000　　1/16
字　　数：130 千字　　印　张：12.25
版　　次：2017 年 10 月第 1 版　　印　次：2025 年 4 月第 3 次印刷
书　　号：ISBN 978-7-5190-2962-3
定　　价：38.00 元

目 录

前 言……………………………………………………………………………… 001

第一章 人生的资本

神秘的精灵……………………………………………………………………003
终极目标………………………………………………………………………005
外在资本和内在资本…………………………………………………………007
健康的身体…………………………………………………………………… 010
智商和情商…………………………………………………………………… 012
天赋特长……………………………………………………………………… 015
创新意识……………………………………………………………………… 017
丰富的知识……………………………………………………………………019
优秀的技能…………………………………………………………………… 021
内在信用………………………………………………………………………023
爱与付出………………………………………………………………………025
金钱资本………………………………………………………………………027

人脉资本……030
自然资源……033
规则资本……035
虚拟资本……038
平台资本……040
本章小结……042

第二章　爱上自己

序　言……045
“生存”幸运……047
认知残缺……050
认知苦难……053
“正视”见闻……057
相信自己……060
智看得失……063
珍惜生命……066
化解无明……069
循序渐进……072
珍惜贵人……075
包容“小”人……078
接受多元……081
灵魂修炼……083
爱与付出……085
爱满家庭……087
放空自己……090
心中的神……093
本章小结……095

第三章　爱上营销

序　言…………………………………………………………………099
一生的营销…………………………………………………………… 101
简单的营销…………………………………………………………… 103
快乐的营销…………………………………………………………… 106
有价值的营销…………………………………………………………109
当业绩不理想时……………………………………………………… 112
营销技能练出来……………………………………………………… 114
营销心态修出来……………………………………………………… 117
营销成果想出来……………………………………………………… 120
营销成果算出来……………………………………………………… 123
营销成果终究做出来………………………………………………… 126
我还有优秀的团队…………………………………………………… 129
本章小结……………………………………………………………… 132

第四章　爱上管理

序　言………………………………………………………………… 135
管理全息……………………………………………………………… 137
管好自己……………………………………………………………… 139
自我延伸……………………………………………………………… 142
跳出自我……………………………………………………………… 144
干部队伍……………………………………………………………… 147
授权监督……………………………………………………………… 150
高效沟通……………………………………………………………… 153
卓越会议……………………………………………………………… 156
招用育留………………………………………………………………159
枪杆子论……………………………………………………………… 162

积极氛围…………………………………………………………………… 165
奖惩游戏…………………………………………………………………… 167
放电充电…………………………………………………………………… 170
严厉与爱…………………………………………………………………… 172
流程和谐…………………………………………………………………… 175
登高望远…………………………………………………………………… 178
团队之颂…………………………………………………………………… 181
本章小结…………………………………………………………………… 184

前言

很久以来，我一直在思考几个问题：

其一，人之初没有多大差别，可人生之路为什么会有那么大的差异？

其二，到底是什么让不同的人有了如此之大的境遇差距？

其三，如何能帮助人们更理性地认知自己，认知资源环境并优化自己的人生轨迹呢？

针对这些问题，本书从独特的“资本”视角对人、对人生进行了深入的剖析，从资本价值的角度给人们进行人生规划提供了很多方向性和建设性的建议。

读这本书的人可能是莘莘学子，可能是求职人员，可能是在职员工，可能是创业勇士，可能是人之父母，可能是人之伴侣，可能是公益人士，可能是公务人员，可能是在各领域已经取得重大成就的成功人士，不管是哪种人，他们有一个共性，那就是，他们都是有梦有期盼的人。本书力求从人之本性的角度进行研究阐述，希望能够给予读者一定的人生启迪或取得读者的共鸣。

我曾在多个场合进行过关于人之资本价值的调研：

当现场的数百名参加培训的人员被测试“认识到自己是千万富翁的人请举手”时，每一次举手的人都很少，而且大多数参训人员都露出疑惑的表情。

我继续测试“认为自己的四肢不值20万的请举手”，结果没有人举手。

接着我测试“认为自己的一双眼睛不值100万的请举手”，结果仍然没有人举手。

我继续测试“认为自己的心脏不值500万的请举手”，结果仍然没有人举手。

我又继续测试“认为自己的脑袋不值1000万的请举手”，仍然没有人举手。

最后，我问“认识到自身有资本有价值是千万富翁的请举手”，结果全场举手，掌声雷动。

很多的培训老师都使用过这个测试，通过这个小小的测试，让很多受训人员认识到了健康生命的价值，找到了内在的初步的自信。可重要的问题是，很少有人能够认识到人的这些资本是需要运营的。良好的运营会让人生资本增值，产生利于自己、利于社会的巨大价值；蹩脚的运营无法改变人生资本随着生命衰退而锐减的命运，甚至会引致生命骤然停止，资本戛然崩盘的局面。

本书会引领读者理性地认知人生资本，科学地看待和开发人生资本，有效地运营人生资本，以求达到获得幸福、升华人生价值的目的。我深知人生深邃，难以通过一本书进行全面的阐述，但求抛砖引玉，引发更多有兴趣的朋友对人生资本运营有更深入的探索思考，也对本书不吝批评指正意见，从而帮助更多有梦想的人找到信心，认清道路，合理地规划自己的人生，有效地实现人生目标。

在本书的写作和出版过程中，我要感谢支持我的家人，影响、教授过我的老师和职业生涯中相遇的领导、同事和合作伙伴，生活中给我启发的各个领域的朋友，以及给予我众多帮助的老师和编辑朋友，因人数众多不一一列举，点滴之恩深藏于心！

2012/11/11

第一章

人生的资本

人生的资本

徐一介

神秘的精灵

一个新生儿呱呱坠地来到世上，带给他的父母和亲朋无比的欢欣，人们不知道为什么会有这种高兴的心情，也许这个孩子寄托了很多人的梦想，可谁也不知道这个孩子未来会成为一个什么样的人，甚至他的父母也不知道自己所生的孩子未来会是个医生还是个科学家，亦或是个普通的工人，更不知道他是否会成为未来人类的伟大领袖或是战争狂魔，每个孩子都带着大自然的秘密，为完成他们的使命而来。任何人来到世上既有其偶然性也有其必然性，没人知道他究竟具有多大的能量，他来到这个世界上到底要做些什么！

带着对神秘的探索，人类一代代繁衍生息，历史的长河就这样源远流长，其中的故事也异彩纷呈，奇迹在不断演绎。人类不愧是大自然最神秘的精灵，在中国的兵马俑、长城，埃及的金字塔带给我们的惊奇还在回味之际，在玛雅文化等众多古代人留给我们的谜团还未揭开之时，人类又上了太空下了深海！人类是有梦并能够圆梦的精灵，很难想象未来的人类会是什么样子。

神秘的生命体何来如此复杂的能量转化和运用体系？每一个生命体先天有哪些能量差异？人的创造性是区别于其他生物的重要标志，这个创造性本身就是巨大的未知之谜！

人类是大自然最神秘的精灵，人们离生命终点越远的时候就越难想象自己的未来，大部分人的能量一生中没有得到充分的开发和利用。人天生就有无限的潜能资本，如果这些资本得以合理有效的开发运营，则每个人都可以创造始所未料的奇迹。

事实上，所有成功的人都找到了他自己的人生资本并有效地开发和利用了它。不仅如此，他们还有效地整合了更多的外在资本，最终通过高超的运营艺术实现了内在资本和外在资本的完美结合和有效增值，实现了自己的人生理想！

人类是大自然最神秘的精灵，我们该快乐地享受天赐的人生！

【经典传承】

秦始皇（公元前259—前210年），中国第一个封建王朝——秦王朝的始皇帝。后人称之为“千古一帝”。姓嬴，名政，秦庄襄王之子，出生于赵国都城邯郸（今河北省邯郸市），汉族，赵氏（先秦时期，姓氏并未统一，故秦始皇又叫赵政）。公元前247年，秦王嬴政13岁时即王位，因年幼，朝政由太后和相邦吕不韦及嫪毐掌管。公元前238年（秦王政九年），秦始皇22岁时，在故都雍城举行了成人加冕仪式，正式登基，“亲理朝政”，

除掉吕、嫪等人，重用李斯、尉缭。自公元前230年至前221年，先后灭韩、赵、魏、楚、燕、齐六国，完成了统一大业，建立起第一个以早期汉族为主体的强大秦汉多民族统一的封建大帝国——秦朝，定都咸阳。秦王嬴政认为自己的功劳胜过之前的三皇五帝，将大臣议定的尊号改为“皇帝”。秦始皇是中国历史上第一个使用“皇帝”称号的君主，对中国和世界的历史产生了深远的影响。

终极目标

人生的终极目标是找到心灵的归宿，感受人生的安宁与幸福。

当被问及人生的终极目标是什么的时候，绝大多数人都给出自己不同的答案，有的说是为了吃饱穿暖，有的说是为了自己和家人的健康，有的说是为了自己的事业，有的说是为了人类的和平等等，回答各式各样。因为生活环境和受教育环境的不同，人们各有不同的追求。但无论追求什么，每个人都在无形中追求着目标实现过程中和目标实现后幸福安宁的感受。可以说人们一生都在追求安全、健康、成长、家庭、事业、社会理想等目标的实现，并追求通过心态的调整减轻某些目标未能实现时的伤害。

人饿了会胃痛，冷了会发抖，被人误解或侮辱了会揪心，被打了会疼痛，被恐吓了会害怕，因缺少食物会心生恐慌，因担心受到攻击会心生不安，所有这一切都是人们所不喜欢甚至一生都在逃避的。人一生都活在追求快乐逃避痛苦的魔圈中，所有的努力都是为了填补内心对安宁幸福的渴望。人们更希望能在衣食无忧、不患生死的环境中做自己喜欢做的事情，更希望在自己的人生旅途中，实现自己既定的目标，享受梦想成真的幸福，那样的人生令人向往，令人心生宁静。

【经典传承】

刘邦年轻时游手好闲，30 多岁才当了泗水亭长。当见到秦始皇巡游场面时惊叹“嗟乎，大丈夫当如此也”。秦二世二年(公元前 208 年)九月，刘邦在沛县聚众响应陈胜和吴广起义，称沛公。此时的刘邦已是 47 岁“高龄”了。在今天，47 岁的人想创一番事业会觉得自己已经老了，而2000多年前47岁的人可能相当于今天67岁的人，何况还是从一个县里小小的干部到国家最高领导人的差距。

刘邦的革命事业进展得非常迅猛。公元前206年（仅仅3年时间）十月刘邦便进抵霸上。秦王子婴投降，秦灭亡。入关后刘邦废秦苛法，与关中父老约法三章："杀人者死，伤人及盗抵罪。"因此受到人民的欢迎。项羽击溃秦军主力后，刘邦听从张良的意见，亲至鸿门，卑辞言好。项羽封刘邦为汉王，统治巴蜀地及汉中一带。刘邦不甘心革命的胜利果实被项羽独占，率军东出，发动了长达四年的楚汉战争。汉五年（公元前202年）冬，刘邦约韩信、彭越等人率军进围楚军于垓下。项羽率部突围，至乌江自刎。当年二月，55岁的刘邦即帝位，初建都洛阳，不久迁至长安，史称西汉。

刘邦

一般说"从奴隶到将军"表示一个人的飞跃，而刘邦用8年时间就完成了"从亭长到皇帝"的跳跃。

外在资本和内在资本

人生的资本分为内在资本和外在资本两个大部分。

内在资本是人们自身天生或后天修炼而来的，附着在自我身体和灵魂内的资本，是一个人内在的品质、素养和能力，是人们实现人生基本生存需求和开发外在资本的基础。内在资本决定了我们能否获得工作和发展的机会，决定了我们能否在社会上寻求到合作伙伴，能否争取到实现更大人生价值的机会。对内在资本的认知和开发要求我们更加注重对自身的重视和提升。

人生的内在资本又可以分为先天资本和后天资本。先天资本是人生核心的基础资本，一般是指健康的身体、正常的智商和情商、天赋特长、创新意识等；后天资本是通过后天的学习和修炼而来的资本，一般指丰富的知识、优秀的技能、内在信用、爱与付出等。

外在资本是身外资本，是人们能够整合利用的各种各样的资源。外在资本具有更大的能量空间。人生的外在资本主要指自然资本、人脉资本、平台资本、金钱资本、规则资本和虚拟资本。

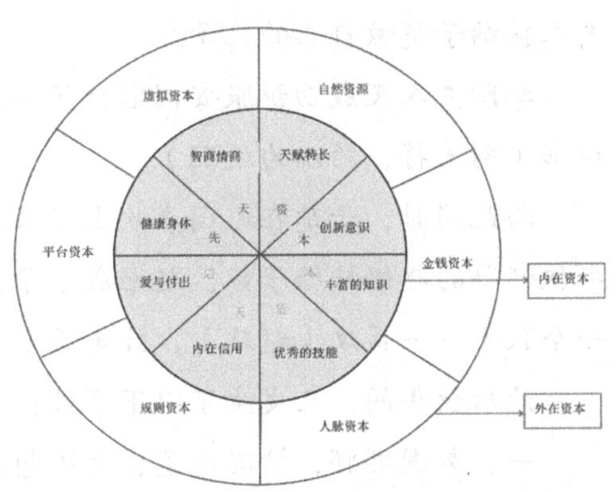

对外在资本的认知和整合利用差距造就了人们人生的巨大差别。外在资本通过神奇的杠杆作用把人的内在资本进行无限放大，是优秀的人和卓越的人之间拉开差距的关键。

【经典传承】

吕不韦原来是一个商人，后来因为结识并投资“异人”，成了秦国的丞相，秦始皇的“仲父”。这是一笔不同寻常的大生意。

吕不韦在做这笔生意之前，已凭借自己的商业智慧积累了“千金”家业。

一次邯郸之行，认识了一个人。这个人叫“子楚”（原名“异人”）。子楚虽身在赵国，实为秦国贵族，父亲是秦国太子安国君，祖父是大名鼎鼎的昭襄王。他是典型的官二代，是很多男人艳羡的对象，也是很多女人追求的目标。不过这里有一个问题，就是这位子楚兄的身份问题，准确地说，他是秦国派到赵国的人质，并且因为最近秦国动不动就攻打赵国，他的处境已变得十分危险。

吕不韦却认为此人“奇货可居”，对他说：“我能让你变得前途无量。”子楚听完吕不韦的“高论”，疑虑顿消，喜出望外，而且倒头便拜：“如果您的计划能够实现，我愿意和您共享秦国土地！”

吕不韦在咸阳经人牵线，认识了秦国太子安国君最宠爱的女人华阳夫人的姐姐。在吕不韦的精心设计下，华阳夫人的姐姐成功地说服华阳夫人接纳子楚做自己的儿子。

华阳夫人又成功说服安国君让子楚继位，并让安国君亲自写下了保证书（刻玉符，约以为适嗣）。

与此同时，子楚在赵国喜欢上了吕不韦已经怀孕的爱妾赵姬。吕不韦把怀孕的赵姬献给子楚，赵姬成了子楚的老婆，并在不久后给他生了一个孩子——嬴政（赵政），就是后来的秦始皇。

此后数年间，又发生了以下事件：

一、秦围邯郸，情况危急，赵国想杀子楚，吕不韦拿出一笔巨款贿赂了守城门的官吏，得以脱身，回到秦国。

二、安国君（孝文王）继位仅仅过了一年，就去跟昭襄王团聚了，子楚成了秦王（庄襄王），吕不韦成了丞相。

三、子楚（庄襄王）在位三年后也追随了先王，年幼的太子嬴政继位，吕不韦成了相邦，被嬴政尊称为“仲父”。

就这样，大商人吕不韦坐着火箭青云直上，位极人臣。庄襄王死后，

由于秦王年幼，他成了秦国的实际掌控者。不久后，赵姬（现任太后）又跟他旧情复燃，吕不韦竟然暗中扮演起了嬴政父亲的角色。

此时的吕不韦已处于人生的巅峰状态，在秦国，他选贤任能，呼风唤雨，对外，他攻伐六国，纵横捭阖。他组织门客编撰的《吕氏春秋》后来成为研究先秦时期政治军事、思想文化的重要文献。如果那时候有《时代周刊》，想来他一定会是上镜率最高的男人。

健康的身体

健康的身体决定了我们生命的长度和质量。生命的长度决定了我们是否可以持续地做事，生命的质量决定了我们能否高效地做事。做任何事情都需要有健康的身体予以保障。没有了健康，生命的质量大幅下降，无法承受事业成功道路上无法回避的种种艰巨挑战，无论多么美好的前途都会变得力不从心，虚无缥缈，无论多么美好的事业随时都可能会戛然而止，出现“出师未捷身先死”的悲剧。

身体是人生一切的载体，需要得到特别的重视。为了身体健康，我们需要从饮食结构、生活习惯、心情调节、日常锻炼、工作休闲等多个方面加以注意，只有让身心保持健康，人生中的一切奋斗才有意义。

人们尤其是年轻人对身体健康的重视程度往往不够。很大比例的人群都在重复“年轻的时候用健康换金钱，年老的时候用金钱换健康”的人生道路。最终，人们发现金钱或许能延长生命，却很难再挽回健康。失去健康才是失去了人生最宝贵的东西。

【经典传承】

19 世纪以后，英国开始把大量鸦片输入中国，它不惜采取贿赂官吏甚至武装走私等卑劣手段。在 19 世纪的最初 20 年中，英国从印度输入中国的鸦片每年平均约 4000 箱。19 世纪 30 年代激增，到 1839 年每年就达将近 40000 箱。除了英国以外，这时还有美国商人从土耳其向中国贩来鸦片，但为数较少。由于英国对华输入鸦片数量的激增，从 19 世纪 30 年代起，在它对华贸易总值中，鸦片就占到 1/2 以上，到鸦片战争时英国在对华贸易中由入超变为出超。

鸦片战争时期，从上至下吸食鸦片的国人日增。鸦片的吸食者当中，不光有统治阶级及其附属者群体，也有下层劳动者。他们本无吸食鸦片的经济条件，然而一失足便不易自拔，染上烟瘾后不但身体受损，甚至完全丧失了劳动能力，而且往往伴随着品质、道德的沦丧。鸦片在当时对中华民族身心的危害是无法计量的。因此国人也被蔑称为“东亚病夫”，尊严被列强踩在脚下，险些亡国灭种。

智商和情商

正常的智商是我们后天学习的保障。人的智商是有差别的，不仅表现在智商的高低上，还表现在擅长的领域不同上。智商虽然是天生的，也需要后天的呵护和维护，不仅要做到不让自己的大脑受损，还要勤于动脑，让脑子越用越好。

正常的情商是我们人际交往的基础。情商是人们感受身边事物，产生心理认知，控制情绪做出正确抉择采取恰当行为的能力。一般精神、心理上没有重大缺陷的人，我们都认为其有天生的正常情商。情商也需要后天的不断修炼提升，认知事物的角度和层次不同，得出的结论就不同；认识事物的格局不同，拿捏分寸的表现就不同。

拥有了正常的智商和情商，我们才能清晰地认知世界，认知我们身边的人与事。先天正常的智商和情商，甚至先天较高的智商和情商并不注定优秀的人生质量。正如好的钢材也要经过打磨才能成为锋利的刀具一样，人不经一事不长一智，不持续学习就有失睿智。

【经典传承】

宋太祖（宋代第一个皇帝赵匡胤）即位后不到半年，就有两个节度使起兵反对宋朝。宋太祖亲自出征，费了很大劲儿，才平定他们。因为这件事，宋太祖心里总不大踏实。有一次，他单独找赵普谈话，问他："自从唐朝末年以来，换了五个朝代，没完没了地打仗，不知道死了多少老百姓。这到底是什么道理？"

赵普说："道理很简单。国家混乱，毛病就出在藩镇权力太大。如果把兵权集中到朝廷，天下自然太平无事了。"宋太祖连连点头，赞赏赵普说得好。

后来，赵普又对宋太祖说："禁军大将石守信、王审琦两人，兵权太大，还是把他们调离禁军为好。"

宋太祖说："你放心，这两人是我的老朋友，不会反对我。"

赵普说："我并不担心他们叛变。但是据我看，这两个人没有统帅的才能，管不住下面的将士。有朝一日，下面的人闹起事来，只怕他们也身不由己呀！"

宋太祖敲敲自己的额角说："亏得你提醒一下。"

过了几天，宋太祖在宫里举行宴会，请石守信、王审琦等几位老将喝酒（此时是公元961年）。酒过几巡，宋太祖命令在旁侍候的太监退出。他拿起一杯酒，先请大家干了杯，说："我要不是有你们的帮助，也不会有现在这个地位。但是你们哪儿知道，做皇帝也有很大难处，还不如做个节度使自在。不瞒各位说，这一年来，我就没有一夜睡过安稳觉。"

石守信等人听了十分惊奇，连忙问这是什么缘故。宋太祖说："这还不明白？皇帝这个位子，谁不眼红呀？"

石守信等听出话音来了，着了慌，跪在地上说："陛下为什么说这样的话？现在天下已经安定了，谁还敢对陛下三心二意？"

宋太祖摇摇头说："对你们几位我还信不过？只怕你们的部下将士当中，有人贪图富贵，把黄袍披在你们身上。你们想不干，能行吗？"

石守信等听到这里，感到大祸临头，连连磕头，含着眼泪说："我们都是粗人，没想到这一点，请陛下指引一条出路。"

宋太祖说："我替你们着想，你们不如把兵权交出来，到地方上去做个闲官，买点田产房屋，给子孙留点家业，快快活活度个晚年。我和你们结为亲家，彼此毫无猜疑，不是更好吗？"

石守信等齐声说："陛下给我们想得太周到啦！"

酒席一散，大家各自回家。

第二天，石守信、高怀德、王审琦、张令铎、赵彦徽等上表声称自己有病，纷纷要求解除兵权。宋太祖欣然同意，让他们辞去禁军职务，到地方任节度使，并废除了殿前都点检和侍卫亲军马步军都指挥司。禁军分别由殿前都指挥司、侍卫马军都指挥司和侍卫步军都指挥司，即所谓三衙统领。在解除石守信等宿将的兵权后，太祖另选一些资历浅、个人威望不高、容易控制的人担任禁军将领。禁军领兵权析而为三，以名位较低的将领掌握三衙，这就意味着皇权对军队控制的加强。后来宋太祖还兑现了与禁军高级将领联姻的诺言，把守寡的妹妹嫁给高怀德，后来又把女儿嫁给石守信和王审琦的儿子。张令铎的女儿则嫁给太祖三弟赵光美。

历史上把这件事称为"杯酒释兵权"（"释"就是"解除"）。

天赋特长

天赋特长，是指某些人天生在某些方面有比他人更突出的特点或能力。诸如某些人在长相、运动、音乐、舞蹈、绘画、语言文字、记忆、嗅觉、味觉、触觉、感觉等方面拥有较大的天赋优势。

发现天赋特长往往能够让一个人较早地找到自己的人生走向，如模特、运动员、歌手、舞蹈演员、画家、演讲家等。拥有天赋特长的人是无比幸运的。但天赋特长能否得到有效的开发和利用仍然受多方面的因素的制约，因为天赋特长开发利用是一个发现、训练、发挥的过程，并非所有人的天赋特长都能得到有效开发。

拥有天赋特长的人需要和常人一样努力。拥有特长的人如果因为不够珍惜、不够勤奋造成特长荒废，沦为平庸是非常令人惋惜的。特长不够明显的人如果足够勤奋也有可能超越拥有特长的人，正如龟兔赛跑一样。

拥有天赋特长的人不多，能够正确认知和有效发展天赋特长的人更少。我面试过很多人，当问到对方有什么特长的时候，大多人都说没有特长。当我们发现自己没有天赋特长的时候就需要更加努力，“没伞的孩子更要努力奔跑”。

【经典传承】

每个人都有适合自己发展的方向，只是很多时候我们很难找到。当你找到自己的兴趣和爱好，你就会发现路变得好走了。

“我是歌手”让李健大红大紫。高中时，李健不费劲就能取得很好的成绩，但到了清华，他发现不一样了。他的英文阅读理解能力不强，但有个同学居然可以暗暗点评：“这篇文章文笔不错！”那就是说

人家已经到了鉴赏英文作品好坏的程度了。数学，有人拿100分，有人拿105分，因为做得好，老师另外加5分。可是，他拼死拼活却只得七八十分。这就是差距。李健发现，这不是努力的问题，而是天赋问题。于是，他开始寻找，他的天赋在哪里。后来，他发现自己唱歌与众不同，只要参赛，就能拿奖。他找到了自己的天赋。

找到天赋是成功的开始。写作毫无疑问也是他的天赋，他小学五年级就发表了作品，现在更是半个小时就能搞定一个专栏。这两年，他爱上了演讲。他演讲时从来不打草稿，张口就来，开口就几个小时，“黄河之水天上来，飞流直下收不住”。当他成为情感专家后，他利用语言优势，几乎是一夜之间，成了健谈的人，口若悬河的人，滔滔不绝的人。这就是他的天赋，时间一到，扭开开关就好了。他融合了文学、社会学、心理学、国学、人际关系学、传播学，以及时尚和娱乐，将这些方面完全贯通了，这是他自己修炼的天赋。这也是天赋的一个方面，你无须刻意学习，自然而然，无师自通。而如果不是你的天赋，你费尽心血，耗尽生命，也依然很难取得好成绩。

李健说，他当年参加活动，F4的人气很高，而且他们很帅，又会表演。那时他像个落寞者，而如今他大红大紫，F4不知道在哪里。他39岁时才真正大红，他反对张爱玲说的出名要趁早，因为太早就会没时间积累。“我想，我也在积累，世界于我还有时间，我从来不急，只要找到天赋，就会有传奇。”

创新意识

创新意识是上天赐给人类最神秘、最伟大的礼物。知识浩如烟海，创新空间无限，有史以来人类改善工具，征服自然，实现梦想的旅程已经充分证实了创新意识的伟大能量。创新意识是人类自身的宝贵财富，正因为有了学习和创新的意识，人类才掌握了知识，创新了技术，才有了今日人类发达的文明。

创新意识和创新能力是两码事。创新意识正常人都有，正常情况下，人们会为了达成一定的目标去寻找方法，但是能否找到就要看创新能力了。因此，创新能力是需要在创新意识的指引下通过学习和锻炼才能拥有的。

人类个体对创新意识要给予充分的重视，这是个人尤为重要的内在资本，创新精神在人的一生中要充分激发和保持。创造意识让人的潜能变得不同寻常，人通过创造可以拥有巨大的后天资本。

小到个人，大到国家、国际社会发展遇到瓶颈的时候，都是需要锐意创新的时候。创新是和守旧相对而言的，任何创新都需要思维的突破，甚至需要知识和资源的跨界整合。

【经典传承】

秦国，因远在西方，与齐、楚、燕、韩、赵、魏六国相比，比较落后，经常受到强国的欺负。公元前361年，秦孝公即位。为使秦国强盛起来，秦孝公下令求贤，广聚“有能出奇计强秦者”。这时在魏国怀才不遇、有志难以施展的商鞅得到了这个消息后就来到秦国。他三次晋见秦孝公，对他说：“要使秦国富强起来，必须实行变法，一方面要奖励英勇善战的将士，同时还要制定新的法令，做到依法办事，赏罚分明。”秦孝公很赞成商鞅的主张。可是一些朝廷大臣却竭力反对。甘龙说：“圣人不改变民俗就可以统治，智者不变更制度就可以治国。”商鞅驳斥他说：“治国没有一成不变的办法，必须因时因事而异。只要对国家有利，就不必一味效法古代。商汤、周武王没有恪守古制，却能使国家强盛；夏桀、殷纣倒是死守古法，没有变革，却灭国了。可见，反古法者，无可非议；因循守旧的人却不值得赞扬。”他劝说秦孝公不要犹豫，要下定决心，只要能使国家富强，就不必遵守旧习惯和老规矩。秦孝公很快颁布了新法。新法令规定：官职大小和爵位高低，一律以战功的大小为标准，贵族没有军功就没有爵位；老百姓多生产粮食和布帛的，免除官差；凡因懒惰而贫穷的应入官府做奴婢。

新法实行后，效果十分显著，农业生产发展了，军事力量也强大了。秦国很快摘掉了落后帽子，并打败了曾欺负过它的魏国。秦孝公更加信任商鞅，在公元前362年提升他为大良造（相当于相兼将军）。两年后，商鞅又开始了第二次变法，主要内容有：废井田，奖励垦荒；健全地方行政机构，由国家派官吏直接管理；规定刑无等级，不管普通百姓还是王公贵族，凡是违法者，一律依法治罪。并建议迁都咸阳，以便向东发展。

商鞅实行新法触犯了王公贵族的利益，遭到他们的强烈反对。他们不敢公开抵制，便由太子驷的两个师傅唆使太子故意违犯新法。可是商鞅不畏权势，坚决维护新法。他狠狠地把太子批了一顿，又给两个教唆者犯治了重罪。这样，其他王公贵族再也不敢触犯新法了。

丰富的知识

“知识可以改变命运”，这是对知识的巨大能量和作用的形象描述，由此可见一斑，知识确实是人生重要的资本。前文中所提及的人类能够冲上太空、下潜海底无不是人类学习知识、创新技术的结果。知识可以从书本上学习，也可以从实践中学习。知识最大的魅力在于人类学习了知识以后在实践中通过思考创新还能够产生新的知识，这让人类的潜能充满了无限可能。尤其在当今知识爆炸的时代，知识的价值越来越显得珍贵，知识的更新越来越显得紧迫，人们已经深刻地认识到知识的重要性。

知识结构会影响人们对事物的认知。人们的知识结构越全面，知识越丰富，对事物的认知就会越客观，越接近真相。知识片面，看待事物就如盲人摸象、管中窥豹，是无法对事物做出清晰的认知和正确的判断的。

知识的学习必须保持与时俱进，活到老学到老。知识的门类繁多，我们要根据实际需要和自己的爱好学习，不仅要对一定的专业领域有深入的学习研究，还要学习更广泛的其他领域的知识。知识会不断地更新，我们也要保持旺盛的学习力，用新知识武装自己的头脑，紧跟时代发展的步伐。

【经典传承】

作为一个大国领导人，眼界要非常宽广，胸襟要非常宽阔，这是最根本的要求。因为他们要管大事，要有长远眼光、大局意识和责任意识。

当时社会出现动荡，时任上海市市长的江泽民出现在大批学生面前。一开始，学生们并不在意这位官员，他一开口讲话就有学生发出质问。面对质问，江泽民说：“我一进校园就看到同学们贴的东西，写着建立‘民有、民享、民治’政府……”有学生打断他：“你知道这是谁的话吗？”江泽民镇定地说：“这是美国第十六任总统林肯于1863年11月19日在《葛底斯堡演说》中的话。”他随即反问道：“你们在场的同学谁能背诵林肯这篇讲话的全文？”会场上没有一个人回答。但江泽民背出来了，而且抑扬顿挫地背完了英文全文。在场的学生惊得目瞪口呆，尖锐紧张的气氛一下子就缓和了。

风波平息之后，应该选什么样的人进入新的领导机构？新的领导班子要取信于民，除了旗帜鲜明反对腐败外，最关键的是要真正坚持改革开放，这样人民才会放心。“要选人民公认是坚持改革开放路线并有政绩的人，大胆地将他们放进新的领导机构里，要使人民感到我们真心诚意要搞改革开放。”显然，江泽民始终致力中国的各项改革。并且，他有技术专业知识、政治经验以及外交才能，能比较透彻地了解改革中的问题。此外，他具有广博的文化知识，掌握外语技能，并受过科学训练。邓小平曾称江泽民是一个“够格的知识分子”，能够向外部世界展示出一个新的接班人形象。

优秀的技能

技能是处理问题、解决问题的能力，是知识转化为人类行为的体现，是人类改善工具、改造大自然的行为能力，也是人类社会中价值交换的重要衡量指标。人们找工作的时候往往会被考问具备什么样的知识和技能。社会上开设的技能培训学校比比皆是，例如厨师学校、机修学校、驾校、美容美发学校等，无不彰显了拥有技能对于人生的重要意义。技能和知识略有不同，技能不仅要学习，还需要强化训练。技能是人们对知识的有效利用，同时经过强化训练形成行为习惯和行为能力。自古以来有一技之长的人都会生存得很不错，甚至受人追捧。

仅有知识是不够的，往往三岁小孩知道的道理耄耋老人一生都未曾身体力行，都未能做到。知道和做到之间还有很长的一段距离，这段距离所经历的就是对身体的训练和意志的磨炼。

十年寒窗苦读，学习知识很辛苦，千锤百炼直至炉火纯青的技能训练更苦。技能训练相对于学习知识而言对人身体和精神的承受力有更高的要求，因此在技能训练的过程中需要受训人有充分的思想准备，只有下定“冬练三九，夏练三伏”的决心，才能练出精湛的技艺，拥有竞争的优势。

【经典传承】

王羲之是1600年前我国晋朝的一位大书法家，被人们誉为“书圣”。绍兴市西街戒珠寺内有个墨池，传说就是当年王羲之洗笔的地方。

王羲之7岁练习书法，勤奋好学。17岁时他把父亲秘藏的前代书法论著偷来阅读，看熟了就练着写，他每天坐在池子边练字，送走黄昏，迎来黎明，写完了多多少少的墨水，写烂了无数个笔头，每天练完字就在池水里洗笔，天长日久竟将一池水都洗成了墨色，这就是人们今天在绍兴看到的传说中的墨池。

王羲之练字专心致志，达到废寝忘食的地步。他吃饭走路也在揣摩字的结构，不断地用手在身上画字默写，久而久之，衣襟也磨破了。功夫不负有心人，有一次，有人找他写一块匾，他在木板上写了几个字样，送去叫人雕刻。刻工发现字的墨渍竟渗入木板里面约有三分深。于是人们常用“入木三分”这个成语来形容书法笔力强劲。

内在信用

内在信用是指个人或组织值得他人信赖的优秀品质，例如信守承诺、言必信行必果等，是一个人或组织有意愿有能力履行承诺，让人信服的综合体现。

内在信用决定了人类个体对外在资本的整合能力和黏着能力。人无信不立，人在社会拼搏闯荡，想要成就一番事业是离不开周边人的帮助的。欲赢得别人的帮助，尤其想要赢得他人长期的信任与帮助，则必须做一个有信用的人。

信用已经成为人类社会协作、发展的重要支撑。一个人的信用谓之个人信用，一个组织的信用谓之组织信用，在信用的支撑下人们建立了良性的供销关系、借贷关系等，这些深刻地影响着人类的生活，因为信用的存在增加了个体能量的张力，创造了人类社会的无限可能。

信用是点滴行为的累积，是与人交往时素养本质的日常体现。人生处处是考场，建立信用需要日积月累，毁掉信用却只需要一两件事。

信用是人生的重要杠杆，人生的砝码需要通过信用的杠杆才撬动更多的资源。没有信用再多的砝码都没有意义，不靠谱的人或组织，能力再强，财力再大也无济于事，都会让人敬而远之。

【经典传承】

故事一：曾子的妻子到市场上去，她的儿子要跟着一起去，一边走，一边哭。妈妈对他说："你回去，等我回来以后，杀猪给你吃。"妻子从市场回来了，曾子要捉猪来杀，他的妻子拦住他说："那不过是跟小孩子说着玩的。"曾子说："决不可以跟小孩子说着玩。小孩本来不懂

事，要照父母的样子学，听父母的教导。现在你骗他，就是教孩子骗人。做妈妈的骗孩子，孩子不相信妈妈的话，那是不可能把孩子教好的。”曾子于是把猪给杀了。

故事二：战国初期，有一天，担任左庶长的商鞅在秦国京城的南门外竖立了一根三丈长的木头。没一会儿周围就站满了人。商鞅当众宣布，谁能把这根木头搬到北门去，就赏他10金(秦以1镒为1金，1镒合24两)。人们听了，议论纷纷，都不相信有这样的便宜事，谁也没去动它。商鞅又下令说，谁要是搬了，增加到5倍，赏他50金。这时，一个男子从人群中走出来，说“我来扛”。他不费力气地把木头扛到了北门。商鞅立刻叫人赏他50金。围观的人都惊呆了，不由自主地说：“左庶长说话是算数的。”商鞅由此成功建立信用推行变法，让秦国强大起来。

故事三：“人无信不立。”不论是一个人、一个团体，还是一个国家，都是一样的，言而无信则自取灭亡。季布，汉朝人，他以真诚守信著称于世。时人谚云：“得黄金百斤，不如得季布一诺。”意思是说，季布的一句话，比金子还要贵重。后来，季布跟随项羽战败，被刘邦通缉，不少人都出来保护他，使他安全地渡过了难关。最后，季布凭着诚信，受到汉王朝的重用。

爱与付出

爱与付出是人生资本变现和增值的渠道，由于认知局限的原因，并不为众人所知，甚至多数人不懂爱不愿意付出，因此爱与付出需要后天的修炼。

爱与付出是要为他人着想，帮助他人。人的价值是在帮助他人的过程中体现的，是对他人有价值。当我们不去爱他人时，身边爱我们的人也会越来越少；当我们不愿意为他人付出时，愿意为我们付出的人也会越来越少。

我们想要得到的大多都要通过付出交换而来，这个世界上除了父母没有多少人愿意无缘无故地给予我们爱与付出。我们需要把自己变得更好，能够帮助更多人，让更多的人感受到我们的价值，因为我们而受益，相信会有越来越多的人愿意成全我们，回馈我们。

我们的爱会引发众人的爱，我们的付出会得到众人的认可和回馈。当我们悟透了真爱，当我们懂得了付出的智慧，我们所能得到的将会远远超过我们所能付出的。

我们往往忽略了一个事实：那些有能力爱与付出的人必是物质或精神相对富足的人。正是因为他们懂得了爱与付出，他们才实现了富足，才能去爱更多人。

【经典传承】

北宋政治家和史学家司马光根据自己的读书治学经历，总结了一条经验，叫“用力多者收功远”。

司马光自幼勤奋好学，由于他自觉得记忆力不足，所以他读书时格外用功。平日，教他们的老先生每次讲完课后，都要让学生们温习功课。别的孩子读几遍就合上了书本，出外玩了。而司马光则不然，总要一个人留在教室里，放下窗帘，一遍又一遍地琅琅诵读课文，反复思考揣摩，直到深刻地领会了文章的意思方肯罢休。司马光做官后，尽管公务繁忙，还能利用点滴时间多读深思。即使在去一些地方视察途中，他也坚持在马背上背诵诗文。通过长期的刻苦攻读和乐于思考，他终于成了一位学富五车、著述颇丰的大家。

不仅如此，他主编的《资治通鉴》也是他总结的这条经验的明证。《资治通鉴》是一部规模宏大的编年史。此书不仅在过去的 1000 多年起过很好的作用，而且在今天依然不失它的史学价值，即使将来，它也会熠熠生辉。

金钱资本

世界上本来没有金钱，只是随着商品交换的发展，为了实现商品交换的便利性，从物物交换的困境中走出来，金钱慢慢出现了。说到底，金钱仍然是自然资源的符号，是自然资源的替代品，拥有金钱是拥有物质财富、自然资本的象征。

“金钱不是万能的，没有金钱是万万不能的”，这句对金钱的评价可谓恰如其分。一方面，金钱可以代表任意的自然资源和其他社会资源，可以购买到任意的自然资源和社会资源；另一方面，由于金钱到自然资源、社会资源的转化过程中需要有认知行为和交易行为，而金钱转化为自然资源、社会资源并非总是一帆风顺的。

金钱资本还会因为CPI和汇率的变化贬值或升值。在国内，物价上涨指数CPI不断提升，则金钱资本就逐渐贬值，今日的“万元户”和20年前的“万元户”已经无法比肩；在国际市场上人民币的升值则代表着同样的人民币在国外市场上的购买力增强。因此，金钱资本更需要通过投资的手段实现保值增值，否则金钱资本会在无形中缩水，购买力下降，能够匹配购买的自然资源和社会资源将会减少。

在高端人群的交往中，金钱资本也是划分不同交际圈的重要指标。一般情况下，百万财富的拥有者和亿万财富的拥有者很难在同一个圈子里深入交往，因为金钱资本的层次不同，他们所感兴趣的项目、投资方式有很大的差异。

【经典传承】

1918年6月，毛泽东从湖南省立第一师范学校毕业。毕业之后，毛泽东接到原湖南一师教员、后为北京大学伦理学教授的恩师杨昌济的来信，信中谈到赴法国勤工俭学运动的事情。该运动是 1912 年初由一些受西方文明影响的教育界人士发起的，旨在鼓励人们以低廉的费用赴法国留学，以达到输送世界文明于国内以改良中国社会的目的。读完此信后，毛泽东大受启发，认为这确实是一条曲线救国的良策。他与何叔衡、蔡和森等讨论后一致认为：赴法留学意义重大，必须尽快做好筹备工作。

在毛泽东、蔡和森等人的努力下，湖南许多有理想的青年学生积极响应，赴欧洲勤工俭学运动很快达到高潮。但是，组织者面临着一个非常现实的问题，就是出国留学需要一大笔资金，即使采取半工半读的最省钱方式，仍然让这批年轻人在经济上备感压力。后来还是多亏了毛泽东的恩师杨昌济先生帮助介绍了颇有声望的章士钊。

毛泽东持着恩师的信只身赴章士钊处，简短寒暄之后，毛泽东直接说明来意，希望他能帮助筹借款项，资助湘籍青年做留法路费。章士钊当即许诺帮忙，不久便在商界募集了两万元大洋。毛泽东后来写道："1920 年 5 月到了上海后，我才知道（章士钊）已募有一大笔款子（两万银元）资助学生留法，并且可以资助我回湖南。"毛泽东将章士钊募集来的部分钱给了第二批赴法留学的湖南学生，余下的带在身上用于回湖南开展革命活动。

章士钊慷慨资助的义举，毛泽东一直铭记于心，并怀有无限感激之情。但由于条件所限，一时无法还清。直到 20 世纪 60 年代，条件逐渐好起来，才开始偿还。毛主席对章士钊的女儿章含之说："一年还 2000 元，10 年还完 2 万。"

收到了毛主席派秘书送来的第一笔钱 2000 元，章士钊要女儿转告毛主席说不能收此厚赠，并说当年这些钱都是募捐来的。当章含之把父亲的话带给毛主席时，毛主席笑了："你也不懂我，这是用我的稿费给行老（章士钊，字行严）一点生活补助啊！他给我们共产党的帮助哪里是我能用人民币偿还的呢？你们那位老人家我知道一生无钱，又爱管闲事，散钱去帮助许多人。他写给我的信多半是替别人解决问题。有的事政府解决不了，他自己掏腰包帮助了。我要是明说给他补助，他这位老先生的脾气我知道，是不会收的，所以我说还债。你就告诉他，我毛泽东说的，欠的账是无论如何要还的。这个钱是从我的稿酬中付的。”从此，每年春节初二这天，毛主席的秘书总会送2000元到章士钊家中。章士钊推也推不掉。1973年春节，毛主席见到章含之时突然问道：“今年的钱送去没有？”当得知2万元已还清没有再送时，毛笑着对章含之说：“怪我没说清，这个钱是给你们那位老人家的补助，哪里能真的十年就停，我告诉他们马上补送。你回去告诉行老，从今年开始还利息。利息我也算不清应该多少，就这样还下去，行老只要健在，这个利息就要还下去。”就这样，毛主席一直用自己的稿费偿还到章士钊1973年去世。

人脉资本

人脉资本是指一个人在需要的时候能够调动以支持实现自己目标的人际圈子。一个人的能力是有限的，但一个人背后的人脉资源可以大得超乎常人想象。一个人的伟大不是看他自己的能力有多大，而是看他背后能够调动的人脉资本的能力有多大。

人是社会生活的主动要素，掌控着各种各样的社会资源、自然资源。人与人之间建立的关系网，将各种社会资源、自然资源有效地联系在一起，并使得这些资源在各种需求的驱使下有效地运转起来。在这样一个通过人将各种自然资源、社会资源有效连接的网络中，人脉很显然成了人们有效获取其他资源的核心部分，人脉资本成了所有外部资本中最重要的资本。

当今社会，人们对人脉资本的认知已经达到了空前的程度，单枪匹马的年代已经过去了，随着竞争的日益激烈和信息化程度的逐步提高，以及资源的有限性，人们已经越来越认识到协作或合作的重要性，越来越认识到人脉资本是人生极其重要的外在资本。成功学领域一度认为人脉对于事业的成功占到 80% 以上的决定性作用。

【经典传承】

韩信从军后，因为早年的经历而不受各路军阀的礼遇，然而他的才华却从未被埋没。他最初追随项梁叔侄，从一文不值到跟在项羽身旁做一名折戟郎中。

他的第一个伯乐是范增。当范增拿着韩信的奏帖，一眼便惊为天人，并告知项羽此子要么为我所用，要么除之以绝后患之时，韩信的才华已经得到了最大的认可。上天眷顾着韩信，项羽没有将这句话放在心上，以为胯下小儿，能成什么大事。同样身为贵族的项羽，显然有着他的骄傲！

鸿门宴时，韩信遇到了第二个伯乐——张良。韩信无意间的一语道破天机，张良开始注意了这个折戟郎中。在项羽坑杀20万秦兵后投奔刘邦，他终于放弃了项羽。

韩信在汉营，触犯了军法而被判了死刑，当前面的同伴一个个地死去，他这个时候依旧没有放弃。轮到他上刑场了，他高声喝道：“大王欲取天下为何要杀英雄？”这一喊使他遇到了人生的第一个大贵人夏侯婴。夏侯婴救下了他，与他交谈得知他的才能，第一次推荐了韩信，使韩信因祸得福连升三级。

韩信做了粮食总管后依旧得心应手，不费吹灰之力却又能事半功倍，无所事事地撰写兵书，四处游玩。这让萧何这位大管家十分意外，以凡人的见识和能力来评判韩信的工作，显然是错误的。萧何与韩信交谈后，为韩信的才华所折服。萧何看到韩信的所书，再次惊为天人，称之国士无双，举荐给刘邦，刘邦却未能加以重视。萧何几次三番地无功而返，韩信似乎也明白了刘邦对自己的轻视，于是逃走了。何去何从，韩信并不知道，当今只有刘邦有实力与项羽争天下，他不知道还能投靠何人。连知人善用的刘邦都无法发现他这块真金，何况其他诸侯！韩信不知所措，直到萧何月下追韩信，韩信人生中第二个贵人终于出现了。当萧何语重心长地劝其归汉的时候，命运就已经为韩信定下了基调，成也萧何败也萧何。

萧何追下韩信，韩信的人生瞬间升级，在夏侯婴和萧何的多次举荐和萧何“逃亡”事件后，刘邦终于和韩信相见。在汉中，韩信剖析了天下大势及刘邦所处的位置和其所处的优势和劣势，让汉王朝的前路豁然开朗。韩信终于遇到了他的第三个贵人刘邦。刘邦终于放心地拜韩信为三军统帅，经历几多波折磨难，韩信也终于得偿夙愿，成为万人之上的大将军。然而他的命运并没有因此而停止，他的才华终于可以放手施展。

自然资源

自然资源是指天然存在的并有利用价值的自然物，如土地资源、矿产资源、水资源、生物资源、海洋资源等。

对自然资源的争夺一直以来就伴随着人类的历史，只是随着近现代工业、信息化、金融体系的发展，人们对自然资源的争夺方式发生了天翻地覆的变化，变得间接化和多样化。

随着世界人口的不断增多和人们生活水平要求的不断提高，自然资源正变得越来越稀缺。这给人类提出了诸多的要求，要求人类要去其他空间开拓更多的资源、要求人类去认知和挖掘地球上更多新的资源，要求人类对现有的资源更节约地使用，更有效地发挥稀有资源的效能甚至实现循环利用。开拓、创新、节约、环保、可持续发展正成为人类社会认知和利用自然资源新的发展方向。

能够发现、占有并有效利用自然资源，对于人生来讲是非常难得的，如果能够拥有发现、占有和有效利用自然资源的能力，则人生有了重要的自然资本，这一资本具有其他资本无法比拟的根本性价值，所谓“靠山吃山靠水吃水”“留得青山在不愁没柴烧”，极其形象地表述了自然资源的重要价值。

【经典传承】

褚时健曾是风云一时的政治人物，荣膺过改革风云人物的称号；他曾是企业家的旗帜，亚洲第一烟草企业“红塔帝国”的缔造者；他也曾从巅峰重重跌下，自己身陷囹圄，女儿自杀身亡。然而，他没有顺从命运的严酷，75 岁再次进行创业，在哀牢山中种橙至今。85 岁的褚时健

东山再起，他成了“中国橙王”。

据悉，褚时健当时承包的2000亩荒山，刚经历过泥石流的洗礼，一片狼藉。虽然当时他的身体并不是很好，但是这些困难并没有阻止他的“疯狂”行为。经过十年的努力，现如今，一代“烟王”变身为“橙王”。

保外就医后，褚时健为何会选择种橙子呢？据悉，有一天，褚时健的一个亲戚给他带了国外的橙子，但是他感觉口感偏酸，价格也很贵，并不适合中国人自己的口味。当时，褚时健就感慨：“为什么我们就不能种出口感更适合中国人，并且在品质上不差于国外的橙子呢？”

机缘巧合，此时，正好其生活的附近，有一个农场经营不善，要盘出去，褚时健便想试试。这个农场原来种甘蔗和橙子，但因为水源、管理没有跟上，效益一直不好。

褚时健将农场盘下来后，就开始请教很多专家，自己也开始研究橙子。经过进一步考察，褚时健发现云南地区很适合种植冰糖橙子，这里的昼夜温差比较大，光照时间比较长，这对橙子的糖分含量和成长都有很大好处。于是，褚时健就下决心在云南种植橙子。

排除重重难题，褚时健带领一帮人终于种植出了品质优良、口味清甜的橙子。由于褚时健种植的橙子每年不出云南省就销售一空，这让周边很多农户看到了希望，纷纷要求与其合作。

规则资本

规则资本是指享有利用、干预或者直接制定社会各种资源分配规则的资本。

成功不只是考虑起点，更重要的是要把握住转折点。人的一生中会遇到多次机遇，遇到国家、组织、单位的有利政策，甚至很多人可能有机会参与一些游戏规则的制定，重要的是机遇来临时要有清醒的认识，要能够勇敢地去把握住机遇。

第一时间了解规则并紧紧把握规则的人，往往面对的是一个尚未开垦的处女地，有大得不可想象的空间任其驰骋。在其他人还没有知觉的时候他们已经跑马圈地成为富甲一方的重要人物。

投入新的领域，往往没有现成的经验可以借鉴。先行的人往往还有跌倒再爬起来的机会，可以修正自己以往的错误，总结经验继续前行；而后来者往往很难有这样的机会，一旦跌倒，将可能会迎来被群踏的命运，很难有修正的机会，很难再次站立起来。

在任何领域里，成功的先驱领袖都是这一领域游戏规则的参与制定者，而规则的制定往往有利于先驱们所从事的事业良性发展。先驱们可以通过规则的制定，设定门槛、平衡关系、配置资源，从而达到保护自己，减少和打击对手的目的，从时间上、广度上、深度上最大限度地实现对资源的独占。

把握规则资本的人，事业的发展往往顺风顺水，如有神助。

【经典传承】

汉初，在政治上，主张无为而治；在经济上，实行轻徭薄赋；在思想上，主张清静无为和刑名之学的黄老学说受到重视。

武帝即位时，从政治上和经济上进一步强化专制主义，中央集权制度已成为封建统治者的迫切需要。

主张清静无为的黄老思想已不能满足上述政治需要，更与汉武帝的好大喜功相抵触；而儒家的春秋大一统思想、仁义思想和君臣伦理观念显然与武帝时所面临的形势和任务相适应。于是，在思想领域，儒家终于取代了道家的统治地位。

建元元年（公元前 140 年），武帝继位后，丞相卫绾奏言：“所举贤良，或治申、商、韩非、苏秦、张仪之言，乱国政，请皆罢。”得到武帝的同意。太尉窦婴、丞相田蚡还荐举儒生王臧为郎中令，赵绾为御史大夫，褒扬儒术，贬斥道家，鼓动武帝实行政治改革，甚至建议不向窦太后奏事。窦太后对此不满，于建元二年（公元前 139 年）罢逐王臧、赵绾，太尉窦婴、丞相田蚡也因此被免职。

建元六年（公元前 135 年），窦太后死，儒家势力再度崛起。

元光元年（公元前134年），武帝召集各地贤良方正文学之士到长安，亲自策问。董仲舒在对策中指出，春秋大一统是“天地之常经，古今之通谊”，现在师异道，人异论，百家之言宗旨各不相同，使统治思想不一致，法制数变，百家无所适从。他建议：“诸不在六艺之科孔子之术者，皆绝其道，勿使并进。”董仲舒指出的适应政治上大一统的思想统治政策，很受武帝赏识。儒术完全成为封建王朝的统治思想，而道家等诸子学说则在政治上遭到贬黜。

董仲舒提出“罢黜百家，独尊儒术”的文教政策，是中国历史上划时代的历史事件。这一政策几乎为以后各代统治者所遵奉，长达两千年之久，对我国文化教育事业的发展和各民族共同心理素质的形成，产生了深刻影响。

对于这一重大历史事件的发生，古代史学家多认为是汉武帝与董仲舒君臣撮合而成的，一个是为了建立大一统帝国的需要，一个是出于争夺学术地位的需要，因此，三道策问，一拍即合。其实，这一重大历史事件的发生和其他重大历史事件的发生一样，都有其深刻的社会背景，只要深入到当时的历史背景中去，细加钩沉比勘，就不难揭示其事实真相。

虚拟资本

虚拟资本是指随着时代发展、技术进步而产生的非物质的资本或虚拟世界的资本。知识产权、虚拟空间、虚拟域名、虚拟信息、网络自媒体等人们已经耳熟能详，对这些资源的创新、获取和保护已经刻不容缓。

未来社会，虚拟资本的比重会越来越大，虚拟资本的作用也会越来越重要。人们不能受传统思维的局限仅关注有形资产的竞争而忽视无形资产的竞争，现今社会在技术创新、无形资产领域的竞争已经越来越激烈。

虚拟资本是空间巨大，无法限定的资本，甚至是无法预知的未来资本。获取意识和创造力是虚拟资本最重要的源泉。当人们在传统的世界里杀得“血流如河”的时候，能把眼光转向虚拟世界的人就如发现新大陆的人，找到一片处女地，找到一片蓝海。虚拟的世界是另外一个完全不同的王国，或许难以和传统世界完全脱离干系，但是有另外的游戏规则。虚拟世界的游戏规则可能颠覆传统世界的游戏规则，全新的游戏规则往往可以实现弯道超车，虚拟资本可能成为攫取传统资本的全新通道。

虚拟资本发现和得到不易，失去却易如反掌，需要强有力的维护捍卫。创新发展，不断地丰富虚拟资本的内涵是必不可少的工作。

【经典传承】

张小龙，1969 年 12 月生于湖南省洞口县，Foxmail 创始人，微信创始人，腾讯公司高级副总裁。毕业于华中科技大学电信系，分别获得学士、硕士学位。曾开发国产电子邮件客户端——Foxmail，加盟腾讯公司后开发腾讯微信，被誉为“微信之父”，被《华尔街日报》评为“2012

中国创新人物”。他主要负责腾讯公司广州研发部的管理工作，同时参与腾讯公司重大创新项目的管理和评审工作

1987 年，张小龙考入华中科技大学（原华中理工大学）电信系；1994 年毕业，获硕士学位。同年到广州工作，从事软件开发。此后，他开发了一款优秀的国产电子邮件客户端软件——Foxmail。

1997 年 1 月，Foxmail1.0beta（英文版）面世，并在 WinSite 上公布。

2000 年 4 月 18 日，张小龙以 1200 万元的价格把 Foxmail 卖给博大公司，并任公司副总裁。

2005 年 3 月 16 日，腾讯收购 Foxmail 软件。张小龙加盟腾讯公司，担任广州研发部总经理，全面负责并带领 QQ 邮箱团队。

2010 年 11 月 20 日，腾讯微信正式立项，由张小龙负责。

2011 年 8 月 2 日，张小龙任腾讯公司高级副总裁，负责腾讯公司广州研发部的管理工作，同时参与公司重大创新项目的管理和评审工作。

2012 年 8 月，腾讯微信推出 4.2 版本。据统计，微信首次发布以来，在不到两年的时间里积累了 2 亿用户。

2013 年 7 月 30 日，经过为期一年之久的协作，微信同中国联通共同推出“沃微信卡”，实现 OTT 同运营商的合作破冰。同时，为微信的东家腾讯注了一针稳心剂，因为这代表着在政策层面微信已经不会再面对之前热论的“差异化收费”问题。

2014 年 5 月 6 日晚，腾讯公司宣布对组织架构进行调整，成立微信事业群，由张小龙担任微信事业群总裁（高级执行副总裁级别），领导微信事业群的工作，向公司总裁刘炽平汇报。

2015 年 2 月 11 日，张小龙入选“2014 中国互联网年度人物”活动获奖名单。

平台资本

“橘生淮南则为橘，橘生淮北则为枳”，同样的苗木在不同的土壤中生长，最后结出的果实是不一样的。人发展的土壤是平台，同样，一个人在不同的平台上会有不同的表现，不同的平台造就不一样的人。平台如同杠杆，杠杆不同，同样的力量会产生不同的效果。阿基米德说过“给我一个支点，我可以撬起地球”，充分说明了杠杆的神奇力量。平台对于一个有着成功梦想，不断追求更高更远的目标的人来说是尤为关键的。事实上，历史上凡有大成就者要么是选择了优秀的平台，要么是自己创立了卓越的平台。有了优秀的平台，一个人的内在资本才算是找到了好的支点，人生的各种资本才会最大限度地产生放大效应，实现更大的价值。

准确地讲，平台是指一个人所在或所能利用的组织、国家、社团、单位以及其所从事的职业、所负责的项目、所追求的方向等。平台决定着你是谁，谁愿意和你合作，你能给别人带来什么价值。在不同的平台上，人会做不同的事情，有不同的思考，也会有不同的身份。优秀高端的平台正是一个人去整合更多更好的平台、更多更好的人脉最重要的名片和资本。

“良禽择木而栖，贤臣择主而事”，追求事业上有所作为的人，需要审慎地选择和珍惜平台，从平台资本的角度来看待人生。追求人生的价值最大化要求我们要不断地攀登新的高度，而不是停留在原地不动或者因为惧怕山高苔滑而匆匆下山。

【经典传承】

“壮岁旌旗拥万夫，锦襜突骑渡江初”，这是宋代爱国词人辛弃疾晚年写于江西铅山瓢泉的《鹧鸪天》词中的话，形象概括地描述了其大起大落的一生。辛弃疾是一位堪称国之栋梁的杰出政治家和军事家，但作为“归正人”，他在南宋一直没有抗金复国大展宏图的机会。他将手中的词笔比作腰间长剑，用英雄豪杰之气来演绎其未竟之事功。

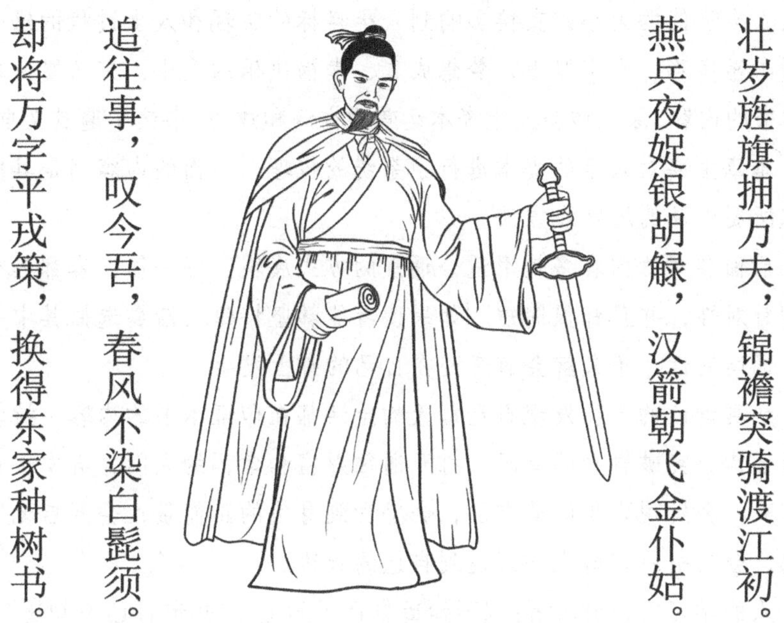

作为一个 20 多岁的青年将才，他曾带领上万名抗金战士突破金兵的追击，归顺南宋。后来，朝廷不重用他，他干不成军事搞不成北伐了，就只好把腰间的剑改成笔，以笔代剑闯进词坛来了。后代的一些词学家就把他称为“词坛飞将军”。就是说他本是将军，以将军的身份来创作词。

辛弃疾是个文武双全的人物，既是个将才，又是一个作家。他一生写了 600 多首词，不仅在宋词里数量是第一，质量也是第一，因此有人把他比作“词中的杜甫”。

本章小结

人的一生是资本运营的一生，能否掌握资本运营的艺术，决定了一个人人生价值的大小，直接影响到人生目标的实现和人生过程的感受。想要丰富多彩、充实厚重、梦想成真、幸福快乐的人生，有必要认真研习本书的内容，深入体会人生资本运营的内涵和技巧，书读千遍其义自现。

本章主要对人生的资本进行了系统的梳理，后面的内容则是具体运营中所要涉及的思路或方法。

后面各章的内容多是用适合诵读的方式展现，每一篇内容都具有很强的针对性，并且都很简短。如果读者能够坚持每天清晨选择其中一篇用心诵读的话，不久就会有奇迹在自己的身上发生。

认真诵读的人会发现自己每天的生活都在印证本书的内容。持之以恒地诵读会突破自身的局限，打开通往财富和幸福的大门，会发现自身的宝藏，会发现人生的藏宝图，会感受到身边的正能量，会开启无穷的智慧，会吸引一切好人和好运到自己的身边。

人的学习有四种境界："不知道自己不知道""知道自己不知道""知道自己知道""不知道自己知道"。人们大多处在第一和第二种状态，在努力地往第三种状态迈进，而只有第四种状态才能叫作融会贯通、炉火纯青。认真地诵读本书可以让我们快速地找到方向，在本书的指引下努力地修炼可以让我们快速地达到更高的境界。人的生存状态是由认知的境界决定的。

第二章

爱上自己

序言

你还在自怨自艾吗？你还在埋怨你的出身、你的残缺、你的不幸吗？如果是，请你停下来，我们一起静心地做一下思考吧。也许你还不知道，你已经被偏执蒙蔽了双眼，也许你还不懂得，你的人生没有任何事情要去埋怨，多么可惜，你对人生理解得太过浅显。请你好好地阅读和感悟这一章的内容，它会让你看到另外一个空间，或许可以开始你全新的人生体验。

要知道能有机会阅读或者听到这一章的内容，你已经幸运无比了。幸运与否是对比出来的，参照物不同，得出的感受就不同；幸运与否是悟出来的，悟透“最值得关注的是你拥有的，而不是缺失的”，生命的体验就会完全不同。

任何人的一生都可以是快乐的，只要你学会思考，学会爱自己。你一定听说过四肢健全的人整日郁郁寡欢，你或许也曾见到过身染重病的人笑容灿烂。人生的快乐与否不在于躯体是否健全，更不在于外在的事物是否遂人心愿，人生的快乐之源在于心灵的强大和灵魂的健全。我们每个人都是由两个人组成的，一个是我们的躯体，一个是我们的灵魂。躯体往往只是人的外壳，灵魂才是人的真身。我们也许有躯体的残缺，但我们的灵魂和其他人都是一样的，我们的灵魂可以完美无缺。只要我们的灵魂足够强大，没有手我们可以借助有手的人，没有脚我们可以借助有脚的人，没有眼睛我们可以借助有眼睛的人，没有耳朵我们可以借助有耳朵的人，我们其实什么都不缺！认识到这一点，我们就应该充满生存的勇气，我们就应该快乐地去面对人生；认识到这一点，我们就应该知道人生中最重要的是要去提升和完善我们的灵魂，或许也更应该去爱自己不够健全的躯体，毕竟它承载着我们的灵魂！

我们要爱上自己，我们只有爱自己才会有更多的人关注我们、爱我们、支持和帮助我们。我们应该怎样爱自己呢？这需要你认真地研读和感悟本章的内容，反复诵读里面的内容会强化你正面思维的意识，会帮助你细致地理清思绪；本章中还提供了一些有效的训练建议，你可以在诵读的同时不断地按照提示进行训练，坚持一段时间你就会发现自己身边的一切都在悄悄地发生变化，在朝着你曾经梦想的方向发生变化。这时候需要你有敏锐的洞察力和足够的耐力，因为这种变化在开始的时候是不够明显的，变化的速度也是非常慢的，只要你坚持下去，你就会发现一扇千年未曾打开的厚重大门正在被你推开。随着大门慢慢地被打开，你看到了一个完全不同的世界，这个世界充满鸟语花香，这个世界有温暖的春风和和煦的阳光，这个世界里所有的人都是那么地可爱，向你投来充满欣赏和祝福的目光！

“生存”幸运

我要为自己能够来到这个世界并存活到今天感到庆幸！

多少生命没有机会降生到这个世界，更没有机会去感知这人世间的酸甜苦辣和人情冷暖！能够降生到人世间，一定是神奇的大自然对我特有的偏爱！我来了，鲜活地来到这梦幻般的人世间，我必是大自然的宠儿，我要用心感知大自然给予我的更多美妙的安排！

能够存活到今天，人世间一定给了我太多温暖！如果没有这些温暖，或许我已经丧命于饥饿，丧命于严寒，丧命于疾病，又或丧命于“虎狼”之口。这些温暖或许来自我的生身父母，或许来自我的血脉亲人，又或许来自那些有着悲悯之心的陌生人，不管这些温暖来自哪里，我都因为它们而存活到今天，这是莫大的幸运了！

我最大的幸运是能够有感知地活着，这让我的生命充满了无限可能！没有感知的人可能没有痛苦，但同时生命也就失去了意义！我最大的幸运就是有感知地活着，可以不去做行尸走肉，可以努力地赢得尊严！

既然来了，我就不辜负大自然对我的偏爱！我是大自然的一分子，是万千生命中的一员。我懂得大自然弱肉强食、优胜劣汰的生存法则，同时我也知道我是人类中的一员，是天生强于那些动物、植物的奇特生命。我要坚强并精彩地活着，让我的生命成为大自然中一道亮丽的风景！

既然活着，我就不辜负人世间那些温暖的恩泽。人与人比较，如同打牌，任何人不可能拿到所有的牌，都会有所缺失，既然牌已经到手无法改变，那最重要的是要想办法把手里的牌打好。不管大自然给了我一副什么样的身躯，不管我出生在一片什么样的土地，不管我的家庭和父母如何，甚至不管我以往的经历如何坎坷，我既然活着，就会昂起头，骄傲地彰显生命的存在，差的牌在我手里也要玩出神话般的精彩！

我要更好地爱自己！我知道人世间所有的爱都是为了让我好好地长大，有机会懂得自己爱自己，自己支撑自己，能够对自己的未来负责！我要更好地爱自己，我要从别人的怜悯之中走出来，用自己的坚强点亮生命的空间，用自己的力量撑起一片充满希望属于自己的蓝天！

我相信自己的生命可以成为传奇！我相信大自然的宠爱绝非随意，我相信人世间的温暖值得珍惜，我要深刻地领会人生成功的诀窍和生命价值的奥秘！我绝不容许自己自暴自弃，绝不容许自己虚度时日，更不容许自己成为别人的遗憾！我相信自己的生命是有价值的，是可以助益于他人的，我相信自己的生命是独一无二的，我要谱一曲绝无仅有的生命华章！

【经典传承】

相传舜的家世甚为寒微，虽然是帝颛顼的后裔，但五世为庶人，处于社会下层。舜的遭遇更为不幸，父亲瞽叟，是个盲人，母亲很早去世。瞽叟续娶，继母生弟名叫象。舜生活在“父顽、母嚣、象傲”的家庭环境里，父亲心术不正，继母两面三刀，弟弟桀骜不驯，几个人串通一气，欲置舜于死地而后快。然而舜对父母不失子道，十分孝顺，与弟弟十分友善，多年如一日，没有丝毫懈怠。舜在家里人要加害于他的时候，及时逃避；稍有好转，马上回到他们身边，尽可能给予帮助，所以是“欲杀，不可得；即求，尝（常）在侧”，身世如此不幸，环境如此恶劣，舜却能表现出非凡的品德，处理好家庭关系。

后来尧让舜参与政事，管理百官，接待宾客，经受各种磨炼。舜不但将政事处理得井井有条，而且在用人方面有所改进，显示出舜的治国方略和政治才干。

经过多方考验，舜终于得到尧的认可。选择吉日，举行大典，尧禅位于舜，《尚书》中称为舜“受终于文祖”。

舜执政以后，传说有一系列的重大政治行动，一派励精图治的气象。

他重新修订历法，又举行祭祀上帝、祭祀天地四时、祭祀山川群神的大典；还把诸侯的信圭收集起来，再择定吉日，召见各地诸侯君长，举行隆重的典礼，重新颁发信圭。他即位的当年，就到各地巡守，祭祀名山，召见诸侯，考察民情；还规定以后五年巡守一次，考察诸侯的政绩，明定赏罚。可见舜注意与地方的联系，加强了对地方的统治，天下人心悦诚服。

认知残缺

这个世界上没有完美的人，人们都这样或者那样“残缺”地活着！

人生的失败多不是败于残缺，而是败于对残缺的认知。每个人都有自己的残缺，只是有的残缺别人看得见，有的残缺别人看不见，甚至有的残缺自己都不知道。完美是人们共同的追求，残缺只是决定了每个人的起点不同，或者影响到每个人会走不同的道路，但人生成功的道路从来不止一条，“条条大路通罗马”，缺失了翅膀心还能飞翔。

如今，我看到了自己的残缺，这种残缺是肉体的残缺，这其实没有什么可怕的，更不值得哀怨，我只不过少了些“工具”而已！我相信我的人生绝不能因为缺少几样工具而暗淡无光！事实上，太多肉体残缺的人取得了举世瞩目的成就，给人类带来了快乐和幸福，太多肉体残缺的人促进了人类的进步！

我要正视自己肉体的残缺，这种残缺或许会在一定的时间、一定的范围内受到一些不成熟之人的歧视，但我坚定地相信一个人的伟大向来不是因为肉体而是因为灵魂。肉体残缺的人若能够取得所谓健全人都无法企及的成就，将会更加伟大！

人们最大的悲哀不是肉体的残缺，而是灵魂的残缺！残缺的灵魂是躁动痛苦的，健全的灵魂是平和愉悦的；残缺的灵魂充满太多奢望却缺乏积极改善的心，健全的灵魂懂得珍惜拥有并追求逐步改进；残缺的灵魂常常抱怨自己为什么没有，健全的灵魂总是在考虑如何得到；残缺的灵魂总是自惭形秽，顾影自怜，健全的灵魂都是身残志坚，极其乐观；残缺的灵魂是讨债鬼，好像谁都欠他的，健全的灵魂是爱的天使，懂得感恩还积极助人！

我要从此发生改变，我不要被人贴上“残疾”“可怜虫”或“累赘”的标签，我要拥有健全的灵魂！我深深地知道人们只愿为我的坚强喝彩而不愿为我的软弱怜悯。我要做一个让别人看见就感到温暖产生力量的人，我不要让家人为我心酸为我流泪。

我要从此发生改变，我要从黑暗的泥沼中拔出灵魂的双脚，勇敢地走好以后的人生路。我为自己曾经质问父母为什么带我来到这个世界受苦而感到羞愧，我为自己曾经质问苍天为什么对我如此不公而感到可笑！从今以后我将开始新的生活，我将不再一味地埋怨和索取，我将拥有强大健全的灵魂，我将用我强大健全的灵魂重新书写人生！

我要灵魂健全地活着，让人们看到我开心地笑；我要灵魂健全地活着，用强大的灵魂弥补肉体的残缺；我要灵魂健全地活着，做一个珍惜生命，感恩惜福的楷模；我要灵魂健全地活着，和爱我的人一起规划今后的人生；我要灵魂健全地活着，用对生活的热爱和对自我的珍爱报答众多愿意帮助我的人；我要灵魂健全地活着，用残缺的肉身走出一条华美的人生路！

【经典传承】

孙膑，齐国人。因为他曾遭受过膑刑（被去掉膝盖骨），所以后人就称他为孙膑。孙膑在青年时期，曾和魏人庞涓一起拜鬼谷子为师，学习兵法。鬼谷子对孙膑的评价极高：“你能如此用心，你的祖先孙武先生后继有人了。”此事后被庞涓所知，庞涓对孙膑顿生嫉恨之心。

庞涓往魏国应聘，下山前与孙膑相约，此行倘有进身之阶，必当举荐孙膑，同立功业，如若失言，当死于万箭之下。孙膑感佩莫名，挥泪与其告别。

庞涓在魏国受到重用后，并没有实现邀请孙膑下山的诺言。后来魏惠王听说孙膑很有才能，就让庞涓写信邀请，庞涓只得照办。孙膑接到庞涓的信后，感念庞涓的举荐之恩，立即打点行装奔赴魏国。庞涓见到孙膑后，假意欢迎，并盛情款待。然而不久，庞涓便设计陷害孙膑，挖去了孙膑的双膝盖骨，又用针刺面，然后以墨涂之。孙膑变成了一个废人，天天依靠着庞涓过日子，老觉得对不起人家。为了报答庞涓的恩情，他答应把《孙子兵法》13篇背诵下来写在竹简上。

孙膑每天都忍痛拼命抄写。在一旁侍奉他的童仆实在看不下去，便把实情告诉了孙膑。直到此时，孙膑才恍然大悟，看清了庞涓的真面目，真是追悔莫及。孙膑是个意志非凡的人，并没有因此消沉下去，他把仇恨深深地埋在了心里。他一方面开始装疯，与庞涓巧妙周旋；另一方面努力寻找时机，尽早摆脱庞涓的监视，心想有朝一日驰骋纵横，报仇雪耻。

后来，齐使淳于髡偷偷将孙膑带离魏国，到了齐国。“田忌赛马”让田忌对孙膑非常折服，并把他正式推荐给齐威王。齐威王拜孙膑为军师。孙膑开始在战国群雄角逐这个动荡的大舞台上崭露头角，大显身手。

著名的桂陵之战中孙膑所制定的围魏救赵战略，充分显示了孙膑出色的军事智谋和才干，成为中国古代战争史上的一个著名的战例。

著名的马陵之战，田忌与孙膑诱敌深入，料定魏军日暮必到马陵（今河南范县西南）。孙膑命令齐军砍伐树木，设置障碍，布下重重埋伏，准备围歼追敌。他还特意命兵士把路旁的一棵大树刮去一段树皮，在白色的树干上用黑煤书写了8个大字：“庞涓死于此树之下。”一切准备就绪后，孙膑挑选了弓弩手1万人，埋伏在山路两旁，然后对弓箭手发出命令说：“天黑时候，只要看见火把就一齐射箭！”

果然不出孙膑所料，庞涓率领魏军黄昏时分赶到了马陵道。魏军人困马乏，极度疲劳，都想停下来歇歇脚。庞涓看到障碍，令人点起火把，忽然抬头看见树上刮白处字迹，大惊中计，急令退兵，怎奈为时已晚。

齐军万名弓弩手一见火光立刻万弩齐发，魏军顿时大乱，被齐军四面围住，既无法抵抗，又无路可逃，死伤殆尽。庞涓在乱军中，身中数箭，自知“智穷兵败”，无法挽救危局，拔剑自刎而死，齐军取得了战略决战的胜利。

认知苦难

精彩的人生必定少不了苦难，优秀的人能从苦难中品咂出甘甜！

苦难对于一些人是致命的摧残，对于另一些人却是珍贵的磨砺！爱自己就要正确地认知苦难，这是人生成功和幸福的必修之课。人生绝不只是来享受幸福的，而更多是来经历风雨、磨砺成长的。人生是用来超越苦难、感受幸福和创造传奇的。

人生路上的苦难林林总总。我们可能会遭人嫌弃、被人抛弃；我们常常劳而无功或得而又失，深感力不从心；我们常遭遇阻力和拒绝，甚至会有冷嘲热讽、迷失方向；我们会遭遇背叛釜底抽薪；我们会因病痛彻夜难眠，时常承受灵与肉双重的折磨；我们可能要在贫困中持久挣扎；我们常因人生的路途遥远而深感疲惫！我们遇到的这些苦难都是人生路上的绊脚石，绊倒爬起来就站在了新的高度；绊倒就一直趴下了，人生的成长也就从此停滞！

既然人生长途中苦难必不可少，我就要做那个绊倒又爬起来的人，并且要做到屡败屡战，直到成功！我要能看到苦难背后的玄机，正如通过训练能够看出三维图里的立体图像一样！我相信苦难的背后隐藏着成功和幸福的密码，对苦难的反思会引领我走向梦寐以求的世界！

苦难给了我逃离的力量，激发了我的潜能！人的一生都在追求快乐逃避痛苦，而逃离痛苦的力量远远大于追求快乐。我已深深地感受到“苦难力量”的强大，我感觉到我的潜能已经熊熊燃烧，我比以往任何时候都勇敢，比以往任何时候都强大！

苦难教会我如何避开暗礁，逢凶化吉；苦难加速了我对社会运营规则和人际交往原则的认知，使我对未来有了预判；苦难提高了我处理问题解决问题的能力，降低了再被同一块石头绊倒的概率，逢山开路遇水搭桥，我现在总有办法让事情的发展有利于我！

苦难提高增强了我的承受能力，让我的生命更加顽强！经历过的苦难越深重，承受力就会越快提高。因为遭逢同样苦难的时候我已经能坦然面对，轻松应对。我再也不会因为遇到挫折而心灰意冷，更不会因为任何遭遇轻弃生命！

苦难撑大了我的心胸，让我懂得了珍惜和感恩！多次战胜苦难取得成功时，我恍然大悟，原来生命中所遇之人都是上苍安排来助我成长的天使，我所有的成功都是因为受到了他们的鼓励或鞭策！于是我的灵魂里没有了恨，唯有珍惜和感恩！这个世界上有太多资源和力量在寻找值得信赖的人，我所要做的就是快速让自己优秀起来，感恩惜福，值得别人托付重任！

苦难给了我幸福的参照，是上苍给我的最好馈赠！曾经的苦难极大地拉升了我如今的幸福指数！苦难犹如成熟的蜜橘，表皮苦涩内部甘甜，走出苦难后的每一天都会幸福满满，好运连连！从此我将不再埋怨，更不再畏惧，我要勇敢地迎接挑战，战胜更多苦，赢得更多甜！

【经典传承】

由于王明“左”倾教条主义的错误领导，中央红军未能打破国民党军第五次“围剿”，被迫退出根据地进行长征。1934年10月10日晚6点12分，中共中央、中央军委率红军主力5个军团及中央、军委机关和直属部队共8.6万人，分别自瑞金、于都地区出发，被迫实行战略大转移。

中央红军长征从1934年10月到1935年10月，起点是江西瑞金和福建长汀，经福建、江西、广东、广西、湖南、贵州、云南、四川、西康、甘肃、宁夏、陕西，最终到达陕甘苏区和陕北苏区。

红军长征的胜利，具有伟大的历史意义。长征是在纠正了“左”倾冒险主义的错误和反对了张国焘的分裂主义，在遵义会议确立以毛泽东为代表的新的中央正确领导下取得胜利的。它充分表现了中国共产党人艰苦卓绝的斗争精神。这种精神是中国共产党和她所领导的红军发展壮大的巨大精神力量，并给了全国人民以巨大的影响。中国工农红军的三大主力在极端艰难的条件下，先后在一年左右的时间内进行了战略大转移。长征胜利地跨越了 12 个省，总行程达 2.5 万里以上。虽然失去了南方原有的根据地，损失了很大一部分力量，但是保存和锻炼了中国共

产党和红军的骨干，沿途播下了革命的种子。正当抗日战争的烽火即将在全国熊熊燃烧起来的时候，这三支主力红军为担负起中国革命的新任务和抗击日本侵略者的神圣职责在西北会师，这无疑是一件具有伟大历史意义的事件。正如毛泽东同志所宣称的那样，“长征是宣言书，长征是宣传队，长征是播种机”“长征以我们胜利、敌人失败的结果而告结束”，它预示着中国革命新的局面的开始。长征用铁的事实表明，党的七大后才有毛泽东思想提法中国共产党和中国工农红军具有战胜任何困难的无比坚强的生命力，他们是国内外任何反动势力所不可战胜的。

各路红军长征总里程约为六万五千余里。

其中：

红一方面军从1934年10月17至1935年10月19日，历时12个月零2天，途经江西、福建、广东、湖南、广西、贵州、云南、四川、西康、甘肃、陕西11省，行程二万五千里。

红二方面军从1935年11月19日至1936年10月22日，历时11个月零3天，途经湖南、贵州、云南、西康、四川、青海、甘肃、陕西8省，行程二万余里。

红四方面军从1935年3月下旬至1936年10月9日，历时1年零7个月，途经四川、西康、青海、甘肃4省，行程一万余里。

红25军从1934年11月16日至1935年9月15日，历时10个月，途经河南、湖北、甘肃、陕西4省，行程近万余里。

翻过的山有18座，主要有：五岭山地的越城岭，云贵高原的苗岭、大娄山、乌蒙山，横断山脉东部的大雪山、夹金山、邛崃山，以及岷山、六盘山等。

红军在长征中渡过的大河有24条，主要有江西的章水、贡水、信丰水，湖南的潇水、湘水，贵州的乌江、赤水河，云南的金沙江，四川的大渡河、小金川，甘肃的渭水等。

“正视”见闻

生活中人们无法避免被人议论是非曲直，但可以选择积极正视所见所闻的态度。

在别人的言语中倒下的灵魂是无比脆弱的，用别人的看法伤害自己心灵的选择是愚昧无知的。如果聚焦负面，任何人都能听闻到许多对自己的非议；如果聚焦正面，我们就能感知到社会无限的温暖。

对于误解，我可以莞尔一笑。看待事物，人们会有不同的立场和角度，与人相处，了解信任需要漫长的过程。因此对误解我的行为，我可以不必在乎，不必苛求别人立刻理解我，不必苛求别人喜欢我。在不恰当的时机，任何急于获得认同和接纳的想法都只能让自己受更多的伤害。

对于非议，我可以转化成动力。我知道自己绝非完美，进步的空间一定很大，考虑和处理问题的能力还须不断提升。我要修炼出“闻过而喜”的胸襟，在人生长途中不断修正自己，针对任何非议做到“有则改之无则加勉”。我相信长此以往我会成为一个非常优秀的人。如果我做不到“闻过而喜”，那我最起码要做到不自暴自弃。为了摆脱被人非议的痛苦，我要付出艰苦卓绝的努力！

别人的看法终将会因为我的努力而发生改变。我相信世间善意的人居多，人们对积极努力寻求自我独立，捍卫自我尊严的人大多报以祝福。我相信我所遇到的任何误解和非议都是上苍对我的提醒、眷顾，是换一种更强烈的方式促使我进步。只要我努力地去改变自己，我周围的世界一定会发生改变。我要用实际行动，用一个个成功去证明自己可以做得更好！

我要增广积极的见闻。成功幸福的人都是积极思维的人，都是充满正能量的人。我要和那些愿意接纳我、帮助我的人交朋友，他们的友好可以让我感受到生命的力量，我要多听他们给我讲积极健康的故事，多听取他们给我的善意提醒。我要积极地走入人群，走更远的路，看更多的风景。我要摆脱以往狭隘的生活空间，走向充满生机，充满爱的大自然。

我要做自己心灵的主人，不让我的心灵被他人牵引，为他人所伤。我要每天努力进步并因为自己小小的进步感到开心，让自己始终生活在快乐的心境里。我相信日积月累的力量，我相信日复一日积极的见闻和能量的转化会让我的心灵变得无比强大。我要做自己心灵的主人，我要好好地珍爱自己，我知道只有自己看得起自己的人才能赢得别人的尊重。

我要努力做“善意”传播的使者，给所见所闻需要帮助的人力所能及的支持和帮助，绝不做事不关己高高挂起的冷漠之人。我相信人心是可以暖热的，我愿意主动地去温暖他人。我坚信我会因为舍而得到更多，我会因为播撒下善意的种子迎来春天的花朵秋天的硕果！

【经典传承】

故事一：在古老的西藏，有一个叫爱地巴的人。每次生气和人起争执的时候，他就以很快的速度跑回家去，绕着自己的房子和土地跑3圈，然后坐在田地边喘气。爱地巴工作非常勤劳努力，他的房子越来越大，土地也越来越广，但不管房地有多大，只要与人争论生气，他还是会绕着房子和土地绕3圈。

爱地巴为何每次生气都绕着房子和土地绕3圈？所有认识他的人，心里都起疑惑，但是不管怎么问他，爱地巴都不愿意说明。直到有一天，爱地巴很老了，他的房子和土地又已经太广大了，他又生气了，拄着拐杖艰难地绕着土地跟房子，等他好不容易走3圈，太阳都下山了。爱地巴独自坐在田边喘气，他的孙子在身边恳求他：“阿公，你年纪大了，这附近也没有人的土地比你的更大，您不能再像从前，一生气就绕着土地跑啊！您可不可以告诉我这个秘密，为什么您一生气就要绕着土地跑上3圈？”

爱地巴禁不起孙子的恳求，终于说出隐藏在心中多年的秘密。他说：“年轻时，我一和人吵架、争论、生气，就绕着房子和土地跑3圈，边跑边想，我的房子这么小，土地这么小，我哪有时间、哪有资格去跟人家生气？一想到这里，气就消了，于是我就把所有时间用来努力工作。”

孙子问道：“阿公，你年纪老，又变成最富有的人，为什么还要绕着房地跑？”

爱地巴笑着说：“我现在还是会生气，生气时绕着房地走3圈，边走边想，我的房子这么大，土地这么多，我又何必跟人计较？一想到这些，气就消了。”

故事二：父子俩牵着驴进城，半路上有人笑他们：真笨，有驴子不骑！父亲便叫儿子骑上驴。走了不久，又有人说：真是不孝的儿子，竟然让自己的父亲走着！父亲赶快叫儿子下来，自己骑到驴背上。又有人说：真是狠心的父亲，不怕把孩子累死！父亲连忙叫儿子也骑上驴背。谁知又有人说：两个人骑在驴背上，不怕把那瘦驴压死？父子俩赶快溜下驴背，把驴子四只脚绑起来，用棍子扛着。经过一座桥时，驴子因为不舒服，挣扎了下来，结果掉到河里淹死了！

相信自己

人的成功和幸福要从自信开始。自信是打开幸运之窗的钥匙。

没有自信的人是很难守护好自己的。自信既是一股自我捍卫的能量，又是一股通过进取获得“猎物”的能量。没有自信的人没有方向，没有胆识，没有收获，没有未来，只能做遭人唾弃欺侮的“可怜虫”。我不愿做“可怜虫”，我不愿仰人鼻息，我要找到我的自信心。

自信的内心暗示是：“我可以！”不自信的内心暗示是：“我做不到！”相信自己要从改变自我暗示开始。我要每天赞美自己，赞美自己具备一切成功的潜质，我要每天暗示自己“我可以”！直到形成习惯，形成潜意识。

任何人如果总是看自己缺失的，他就找不到支撑自信的理由，只有从自己拥有的资源出发才能建立起自信体系。我决不用别人的长处和自己的短处比较，因为那样的对比徒增我的烦恼，对成功毫无意义。人与人的资源不同，成功的道路自然会有所区别，我要仔细盘点我所拥有的资源，把自己的资源开发好利用好。我相信只要用心思考，我就能够建立起自己独特的成功体系。

知识和技能是自信的基础，借力是自我能量的补充。我要通过学习和训练快速扩充我的知识，提升我的技能，还要通过整合资源借助外力来弥补我的欠缺。我相信我可以通过这些努力建立起内在的自信。

我不会被高远的目标吓倒！任何高远的目标都是由很多个小目标组成的，并且都不是一蹴而就实现的。我要把高远的目标细化分解成容易完成的小目标，然后一一来实现。每当一个小目标实现的时候我的自信都会得到强化，总有一天我会拥有曾经不敢想象的成就。

榜样的力量是无穷的，我要找到可以效仿的榜样。这个世界上一定有很多成功的人，他们曾经和我现在的条件相似。我需要找到他们的信息，甚至找到他们本人。我要把他们当成我的偶像，向他们学习。我相信他们能够把事情做好，能够成功，我也一定能够做得到。

我要抛弃幻想，抛弃懒惰，抛弃恐惧。这是我建立自信过程中三个最大的魔障，幻想会让我不切实际，没有计划；懒惰和恐惧会让我徘徊不前，错过成长的机遇。这三个魔障在我身上留存得越久，我就会越虚弱，我就会离成功越来越远。我下定决心要战胜自己，抛弃他们，只有这样，我才能迎接新的机遇，开始新的生命。

我要自信起来，我相信“天生我材必有用”！我相信我是世界上独一无二的，和别人的不同正是我借以另辟蹊径走向成功的基石！我愿意为自己的目标全力以赴，我已无所畏惧，立即行动，我相信用生命奔跑的人，定能够创造奇迹！我相信我的新生命定会在未来大放异彩！

【经典传承】

若干年前，某大学一个教授主持一项为期六周的老鼠通过迷阵吃干酪的实验。实验的对象是三组学生与三组老鼠。

他对第一组的学生说：“你们太幸运了，因为你们将跟一大群天才老鼠在一起。这群老鼠非常聪明，它们将迅速通过迷阵抵达终点，然后吃许多干酪，所以你们必须多买一些干酪放在终点喂它们。”

他对第二组的学生说：“你们将和一群普通的老鼠在一起。这群老鼠虽不太聪明，也不太愚笨，它们最后还是会通过迷阵抵达终点，然后吃一些干酪。只是因为它们的智能平平，所以不要对它们期望太高。”

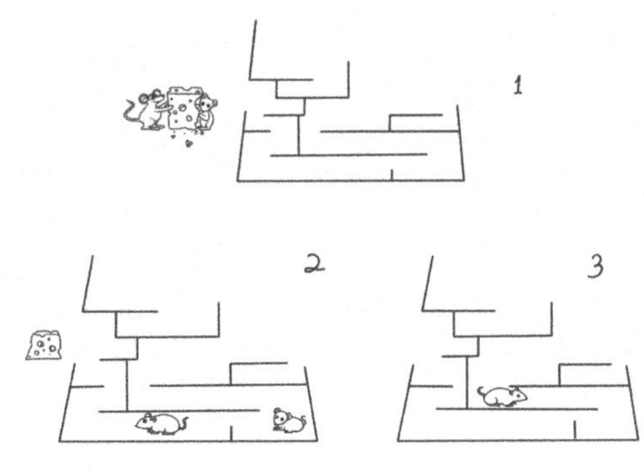

他对第三组的学生说：“很抱歉！你们将跟一群愚笨的老鼠在一起。这群老鼠笨极了。因此它们的表现会很差，如果它们能通过迷阵到达终点，那是意外，所以，你们根本不用准备干酪。”

六周之后，实验结果出来了。天才老鼠迅速通过迷阵，很快就抵达终点；普通老鼠也到达终点，不过速度很缓慢；至于愚笨的老鼠，只有一只通过迷阵，找到终点。

有趣的是，在这项实验中，根本没有所谓的天才老鼠与愚笨老鼠，它们通通是一窝普通的老鼠。

智看得失

人生来是一无所有的，生命的经历都是“得”而非“失”。

在得失的过程中，人们的灵魂感悟一直有增无减。人们在人生旅途中所受的伤大多是因为得失心重，又不能正确看待得失造成的。只有智慧地看待得失才能有一颗宁静安详的心。要明白怎样看待得失，要知道得失之间应该如何权衡，我一定要深刻领悟以下观点：

得失皆是因果，失一物必能得一悟。无论什么原因让我失去了曾经的拥有，我也无须对失去有太多悲伤，任何失去都会让我得到新的启发，这种启发才是我最该重视的。我感悟到的新收获会帮我避免再有错误的选择，让我懂得珍惜拥有，创造更多。

得有时注定了失，失有时就是新的得。人的精力是有限的，大自然和社会的运营是有规律的，无所谓永久，完美也只是一种传说。在欲望的驱使下人们很容易陷入铺满鲜花的陷阱，在选择的时候我一定要权衡得失，守护我更看重的，放弃无法驾驭的。如果我曾经迷失，某次机缘失去无法驾驭的却又找回了自我，我是应该感到庆幸的。

得失之间有时只是上苍给我们换了一个玩具，换了一个场景，换了一个角色。我们所得到的任何东西都不可能永远地属于我们，生不带来的死也必不能带走，我们只是到人世间游玩了一段时间而已。在游玩的过程中，并非所有事情的发展都如我们所愿，天可能突降暴雨，山可能突然垮塌，车船可能突然抛锚，我们可能突然失去很多，我们被强行推进新的场景转换角色。遇到这种情况的时候，更重要的是我要尽快适应新的场景，适应新的角色，继续走好接下来的路。只要生命不息，我就要把自己接下来的人生演绎得丰富多彩。

物质失去尚可再得，情义失去再难重来。友情、亲情、爱情是非常珍贵的情感，维系好不容易，失去却只在一念间。我是聪明的人，我知道欲成大事，信义为重，一个友情、亲情、爱情都处理不好的人是很难得到他人认可的。我知道得道多助失道寡助，没有他人的帮扶是孤掌难鸣的。我要淡看物质，决不能因为过度贪恋物质而伤害自己的亲朋好友，更不能因计较得失而失去骨肉血亲。

人生最不该失去的是身体健康和好心情。爱自己我就要明白除了身体健康和好心情，其他身外之物都不重要。我要努力地去做那些能够让我身体健康和心情舒畅的事情，我要努力地去接触能够让我身体健康和心情舒畅的人和环境，我要做能够让我身体健康和心情舒畅的思考和选择。我知道愤怒是对自己无能的不满，因此我绝不允许自己轻易生气，绝不让人看到我的脆弱。我要做一个睿智的人，任何事情发生的时候我要聚焦得到了什么而不是失去了什么。我相信任何事情的发生都有利于我。我相信正面的思考一定能吸引更多正面的能量。

【经典传承】

故事一：福兮祸所伏，祸兮福所倚。东汉靠近边塞的地方，住着一位老翁。老翁精通术数，善于算卜过去未来。有一次，老翁家的一匹马，无缘无故（大概是雌马发情）挣脱羁绊，跑入胡人居住的地方去了。邻居都来安慰他。他心中有数，平静地说："这件事难道不是福吗？"几个月后，那匹丢失的马突然又跑回家来了，还领着一匹胡人的骏马一起回来。邻居们得知，都前来向他表示祝贺。老翁无动于衷，坦然道："这样的事，难道不是祸吗？"老翁家畜养了许多良马，他的儿子生性好武，喜欢骑术。有一天，他的儿子骑着烈马到野外练习骑射，烈马脱缰，把他儿子重重地甩了个仰面朝天，摔断了大腿，成了终身残疾。邻居们听说后，纷纷前来慰问。老翁不动声色，淡然道："这件事难道不是福吗？"又过了一年，胡人侵犯边境，大举入塞。四乡八邻的精壮男子都被征召入伍，拿起武器去参战，死伤不可胜计。靠近边塞的居民，十室九空，在战争中丧生。唯独老翁的儿子因跛脚残疾，没有去打仗。因而父子得以保全性命，安度残年余生。所以福可以转化为祸，祸也可变化成福。这种变化深不可测，谁也难以预料。

故事二：清朝时期，宰相张廷玉与一位姓叶的侍郎都是安徽桐城人。两家毗邻而居，都要起房造屋，为争地皮，发生了争执。张老夫人便修书北京，要张宰相出面干预。这位宰相到底见识不凡，看罢来信，立即作诗劝导老夫人：“千里来书只为墙，让他三尺又何妨？万里长城今犹在，不见当年秦始皇。”张母见书明理，立即把墙主动退后三尺；叶家见此情景，深感惭愧，也马上把墙让后三尺。这样，张叶两家的院墙之间，就形成了六尺宽的巷道，成了有名的“六尺巷”。张廷玉失去的是祖传的几分宅基地，换来的却是邻里的和睦及流芳百世的美名。

珍惜生命

生命乃天地所赐父母给予，不管来时怎样，我都要倍加珍惜并努力活得精彩。

我珍视生命的存在，决不允许生命轻易地终结。生命承载着养育者的心血和无私的爱，我要拥有坚强的灵魂与他们长久的陪伴，让他们因我的坚强洋溢灿烂的微笑；高质量的生命需要灵魂的坚强，也需要肉体的坚强，我要加倍珍爱身体，让身体免遭意外和疾病的伤害。生命往往会不经意间被错误的思维和扭曲的灵魂导入误区，产生巨大的风险，我要时刻保持清醒，除非为了超越个人生死的崇高理想，我绝不轻易拿生命去做赌注。

为了身体的健康，我要从以下几个方面用心：

我要加强锻炼身体。我要通过锻炼增强我身体各个脏器的功能，让各个脏器都能持久健康地运转，远离重大疾病；我要通过锻炼增强我身体的抗负荷能力，让我在面对高强度工作的时候不至于感到特别疲惫。

我要努力均衡饮食。我要学习营养的知识，科学地补充水、蛋白质、维生素、矿物质、碳水化合物等身体必需的营养素，不挑食，不暴饮暴食，不吸食对身体有害的物质。

我要保证适量睡眠。睡眠不足和过度嗜睡都是不利于身体健康的，我要合理地安排自己的工作生活，尽可能按照养生的需求安排睡眠的时间段，保证午休和夜晚的睡眠质量。

我要积极对待疾病。如果我罹患了疾病，我绝不讳疾忌医，把小病熬成大病，也绝不因大病而丧失信心。我知道积极地配合治疗是走出疾病走向健康的最佳选择，也是对亲人关爱的最好回报。

我要保持乐观心态。乐观是长寿的秘诀，任何消极的心态，尤其是极端的情绪都会影响身体腺素的分泌，增加身体脏器的负担。我们的身体犹如驾驶的汽车，经常突然地加速或刹车定会对汽车造成伤害，减少汽车的寿命。

为了灵魂的健康和坚强，我要从以下几个方面努力：

我要结交灵魂积极健康的朋友。我珍惜现在阳光幸福的生活，我珍惜自由生活的每一天。我要时刻提高警惕，不允许自己因为交友不慎受到不良诱惑而误入歧途。

我要积极迎接挑战，通过体验成败提升心灵的承受力。人经历的事情多了，很多事情就看透看淡了，心灵在酸甜苦辣里泡久了，灵魂也就逐渐强大了。

生命是单程的旅行，每天的经历都是生命的风景，任何人的生命都可以无限的精彩。我珍爱我的生命，我希望在生命的旅途中得到众多人的接纳、帮助和喜爱，我也希望在生命的长途中给予他人力所能及的帮助和启迪，我希望我的生命将来无憾地逝去。

【经典传承】

一位业务员在体检后，被医生宣判得了癌症，只有三个月的寿命了。惊慌之余，他冷静地思考如何安排剩下的时日。他终于下定决心，打算不动声色，平静地过完最后的人生旅程，留下一个好名声。于是在公司，他忠于职守，不再像往日般与同事、客户争辩，反而自认来日不多，一再忍让，保持和谐；在家中，不再打骂孩子及太太，反而常常抽空与家人外出游玩。

三个月很快过去了，原本人人讨厌的他变成公司领导重视、同事爱戴、客户欢迎的模范员工，不但晋了级，又加了薪，一家人更和乐融融，幸福美满。

正当他面对人生的最后一站时，却接到医院的通知，原来检查报告弄错了，他的身体健康，一切正常。

他还是他，一切都没有改变，只是因为本身态度的转变，整个人生为之改观。所以，当你由玻璃看窗外时，若玻璃是绿色，外面的世界就是绿色的，若玻璃是红色，你看到的就是红色世界，这块玻璃就在你的心中。

因此，这个世界的好坏是由你自己决定的。

你心中的玻璃是什么颜色？哪一种对你最有利？

化解无明

爱自己必须化解无明，让自己远离潜在的烦恼。

无明不像嗔恨心和贪心那样明显，无明隐藏得很深，一般很难察觉。无明就像灵魂里的碎石，容易被忽视，日久却会重挫身心健康。有了无明，就会有潜意识里的执着，执着外在的世界，执着自己的身体、名利等。达不到自己的欲望，就会烦恼、痛苦。为了达到欲望，就会不择手段。人们所有的烦恼，都来自于执着，来自于无明。

无明是不清楚自己内心真正的追求，亦或是在追逐梦想的过程中瞬间或持久迷失了方向。我的人生追求的不是短暂的享乐而是持久的快乐，我的人生逃避的不是眼前的苦难而是持久的痛苦。为了追求持久的快乐我愿意放弃短暂的享乐，为了逃避未来持久的痛苦我愿意忍受眼前的百般磨炼。

我要常静思。我要通过认真的思考明确人生应该追求的目标和应该规避的风险。我要通过思考找到通往幸福快乐的道路，祛除把我引向荆棘丛生道路的妄念。我要通过思考放大自己的心胸格局，找到控制个人情绪的方法。我知道一切的行为都是受价值判断影响的，我要通过思考、训练让自己在面临抉择时保持充分的冷静，做出不会伤害自己的选择。

我要知进退。世间很多事往往欲速则不达，很多事时已过境已迁，已经失去了意义，我要做一个懂得审时度势的人，不受无明的左右。一方面我要做到进退有度，养精蓄锐，待机而发；另一方面我要做到不为没有价值的追求浪费自己的生命。面临危机之时，我要懂得退一步海阔天空，把自己的心灵引向轻松、快乐、安全的空间，不为无明所扰，远离是非、愁烦。

我要懂舍得。人在世间活有舍必有得，有得必有失。得到之物成了累赘我们就失去了更多机会，就失去了自由快乐，舍掉了累赘我们就得到了轻松的身心。人一生的追求莫过名利，名与利适当即可，超过了自己的承受力都会成为祸。舍得蕴含大智慧，我要努力参透舍得的奥秘，绝不让自己受无明的迷惑为了小得失去更加珍贵的东西。

我要明因果。过去决定现在，现在决定未来，我们生命中所遇到的人，所发生的事，福与祸成与败都存在一定的必然性，都是曾经的抉择和行为带来的结果。明白了因果，我就要努力避免无明的干扰，谨慎行事，勿以善小而不为，勿以恶小而为之，努力做未来有福报的事，避免积未来有恶报的因。

知道无明就像尘埃一样藏在我的灵魂里，我就要日日勤拂拭，扫清尘埃让心灵变得更加圣洁安宁；知道无明会让人迷失心性，引发突然的风险、时光的虚度或长久的痛苦，我就要时常提醒自己提防无明，努力去做一个有长远眼光、有自控能力、有博大胸怀的人。

【经典传承】

慧能少孤而艰难困苦，于市卖柴为生。及闻一客诵《金刚经》而心有所悟，遂赴五祖处学法。

一日，五祖唤诸门人总来："吾向汝说，世人生死事大，汝等终日只求福田，不求出离生死苦海，自性若迷，福何可救？汝等各去自看智慧，取自本心般若之性，各作一偈，来呈吾看。若悟大意，付汝衣法，为第六代祖。"

众人只等神秀作偈，神秀偷偷在墙上书一偈曰：

"身是菩提树，心如明镜台。时时勤拂拭，勿使惹尘埃。"

五祖令门人炷香礼敬，尽诵此偈。但亲告神秀曰："汝作此偈，未见本性，只到门外，未入门内。如此见解，觅无上菩提，了不可得。"

慧能虽不识字，一闻此偈，便知未见本性。托人亦书一偈曰：

"菩提本无树，明镜亦非台。本来无一物，何处惹尘埃。"

一众皆惊。五祖将鞋擦了下，曰："亦未见性。"

次日，祖潜至碓坊，以杖击碓三下而去。慧能遂三鼓入室，五祖以袈裟遮围，不令人见，为说《金刚经》。至"应无所住而生其心"，慧能言下大悟，一切万法，不离自性。

遂启祖言："何期自性，本自清净；何期自性，本不生灭；何期自性，本自具足；何期自性，本无动摇；何期自性，能生万法。"

三更受法，人尽不知，便传顿教及衣钵。

循序渐进

爱自己，我必须循序渐进变得强大。

我不要追求不切实际的目标，也不要被高远的目标吓倒，更不会停止前进的脚步。我相信没有比人更高的山，没有比心更大的海，没有比脚更远的路，我相信只要我不断地进步，就可以让自己成为理想中的样子。

身体强健需要循序渐进。人不可能一夜之间锻炼出强健的肌肉，锻炼身体需要循序渐进的坚持。我相信只要坚持锻炼，我的身体状况就会产生不可思议的优化。假如此时我一次只能做 10 个俯卧撑，如果坚持每天一次做 10 个，相信一周之后我一定可以一次做 20 个；然后坚持每天一次做 20 个俯卧撑，一个月后相信我一定能一次做 40 个；继续坚持每天一次做 40 个，一个月后我可以一次做 80 个甚至 100 个，当然我相信我还可以做得更好，到那时我的身体已经创造了奇迹！

灵魂强大也需要循序渐进。人的自信心不是天生就有的，人在幼小的时候对庞然大物，对陌生的人与环境多充满恐惧。缺乏自信充满恐惧的灵魂是弱小的，我需要循序渐进地建立起自信心，直至拥有强大的灵魂。我要从每天做的小事中发现自己的进步和成功，我要在每一次进步和成功后给自己充分的肯定，我要活在每一个细小的梦想成真里，我要反复地告诉自己："我可以！"直到有那么一天，当我面对更大挑战的时候，我能发自内心地相信"我是可以的"，那时候我的灵魂就真正地强大起来了！

循序渐进的过程是累积进步量变到质变的过程。我相信我的身体和灵魂都可以通过循序渐进的磨炼变得越来越好。我相信随着我自身的提升，身边的世界也会发生天翻地覆的改变。这必是一件非常神奇非常有趣的事情，我要充满兴致地投入到循序渐进的改变中。身体更健康了我定会很开心，开心了笑容一定会多起来，笑容多了定会带给别人快乐，能够给别人带来快乐定会有越来越多的人喜欢我、帮助我，支持我的人多了我定会越来越自信，越来越积极地去追求梦想，这样下去我的成功定会越来越多，我的人生就会悄然发生改变。

明白了循序渐进的道理我就不会急于一时。我坚信只要方向正确，除非放弃没有失败。即使走得慢一点，我仍是在一步步向成功的方向迈进，只要不放弃，我就离目标越来越近，只要时间足够，成功定会水到渠成，我要有足够的耐心走到成功。

循序渐进的路上一定有苦有痛有孤独，我一定要坚定地前行。我相信今日所有的不良感受未来都会化为甜蜜的回忆，我相信此时所有的障碍都是我攀登的阶梯，我相信身体和灵魂都会因为感受到伤痛而变得更加强大，我相信我拾级而上的远方定是成功的殿堂。

【经典传承】

古时候，有一个和尚，决定要到南海去。但他身无分文况且路途遥远，交通又极不方便。但他没有被这些困难所困扰，他只有一个信念：我一定要到南海去。

于是，他沿途化缘，一步一步往南海的方向迈进。路过一个村庄化缘时，他碰到一个比较有钱的人家。

当看到这个和尚化缘时，有钱人便问他：“你化缘干什么？”

和尚坚定地回答：“我要去南海！”

有钱人不由得哈哈大笑起来：“凭你也想到南海，我想到南海的念头已经有好几年了，但还一直没有准备充分。像你这样贫穷的人，还没到南海，就是不累死也会饿死了。还是趁早找个寺庙安稳度日吧！”

和尚不为所动，固执地说：“我迟早会到达南海。”几年以后，当和尚从南海返回的途中又到这个有钱人家里化缘时，这个富人还在准备他的南海之行。

珍惜贵人

爱自己，我要珍惜人生中的贵人。

遇到贵人是人生的幸运。我哭泣着来到这个世界，因为他们的爱与微笑，我感受到了人间的温暖；因为他们的启发教导，我挖掘了内在的潜能，找到了通往光明的方向；因为他们的信任与扶持，我度过了无数劫难，一次次绝处逢生；因为他们伸出友爱的手，我的生命由一张白纸变得五彩斑斓。贵人是流淌在我心田里的暖流，贵人是拉我出苦海的手，贵人是点化、开启我智慧的天使，指引我一路向前！

珍惜贵人，我要谦卑做人，谨慎做事。我要谨记“谦受益，满招损”的道理，唯有谦虚谨慎才能赢得更多贵人。没有成就时我要谦虚求学，一切能够给予我知识、帮助我成长的人都是我的贵人，即使有点成就我也要时时归零，绝不狂妄，因为狂妄会让帮助过我的人心灵受伤。

珍惜贵人，我要日有所进，积极回馈。我不要做扶不起的阿斗，我要每天有所进步。我不允许自己深陷泥潭不能自拔，我不允许自己一蹶不振。我既是自己的作品，也是社会的作品，我希望能够循着贵人指引的道路走好人生，我希望按照成功者的标准雕琢自己，我要让帮助我的人从我的奋斗中看到希望。

珍惜贵人，我要懂得感恩，知恩图报。或许帮助我的人并不曾想过索取回报，但有良知的人都希望自己帮助的是一个懂得感恩、与人为善的人，所有人都不希望得到恩将仇报的结局。我要做个懂得感恩，知恩图报的人，这样做人会让身边满满正能量，这样做人会赢得贵人的青睐和信任，这样做人才配接受他人的恩泽，才能接受到更多的祝福。

珍惜贵人，我要乐善好施，敬天爱人。珍惜贵人最好的方式是去帮助更多的人，成为更多人的贵人，这也是对自己最好的爱。受人之恩，当薪火相传，我受到他人的恩泽而改善心情、改变命运，我就该去爱更多的人。我要乐善好施，敬天爱人，让点滴之恩，星火燎原。或许我可用于乐施的金钱、物质有限，那我就多多地给他人施以微笑、善言、举手之助、鼎力相扶。我相信善意可以传递，幸福可以传染，我相信地球是圆的，情感是交互的，一份善念必得一份心安。

珍惜贵人是人生的大智慧。人生成败的原因不外乎“天时地利人和”，人的一生得道多助、失道寡助。懂得珍惜贵人才是悟透了攀登的诀窍，懂得珍惜贵人才能脚踏祥云，懂得珍惜贵人才能一日千里，懂得珍惜贵人才能得到众人成全。我要在我的人生中珍惜所有帮助我的贵人，我要在我的人生中踏踏实实地前行，我要在我的人生中深刻地修行，我要做一个值得他人信任和帮扶的人，我要在我的人生中成全更多人。

【经典传承】

有一个年轻人去买碗，来到店里他顺手拿起一只碗，然后依次与其他碗轻轻碰击。碗与碗之间相碰时立即发出沉闷、浑浊的声响，他失望地摇摇

头。然后去试下一只碗。他几乎挑遍了店里所有的碗，竟然没有一只满意的，就连老板捧出的自认为是店里碗中的精品也被他摇着头失望地放回去了。

老板很是纳闷，问他老是拿手中的这只碗去碰别的碗是什么意思。

他得意地告诉老板，这是一位长者告诉他的挑碗的诀窍，当一只碗与另一只碗轻轻碰撞时，发出清脆、悦耳声响的，一定是只好碗。

老板恍然大悟，拿起一只碗递给他，笑着说："小伙子，你拿这只碗去试试，保管你能挑中自己心仪的碗。"

他半信半疑地依言行事。奇怪！他手里拿着的每一只碗都在轻轻地碰撞下发出清脆的声响，他不明白这是怎么回事，惊问其详。

老板笑着说："道理很简单，你刚才拿来试用的那只碗本身就是一个次品，你用它试用那声音必然浑浊，你想得到一只好碗，首先要保证自己拿的那只也是只好碗。"

包容“小”人

爱自己，我能包容反向激励我的“小”人。

我不把“小”人看成坏人，他们只是格局较小的人。他们因为只盯着自己眼前的利益或者只顾及自己的感受而忽略了我、拒绝了我、抛弃了我、离开了我、伤害了我，我会因为他们的行为感觉到心痛，但我不怪他们。

人生太顺利了往往滋生狂妄，生活太容易了往往滋生懒惰。我们的人生既需要春天的暖风、夏日的热浪，也需要秋天的凉爽、冬日的冷酷。春夏秋冬都经历了才能知道什么是完美的人生。人生从来不是一帆风顺，我们不要妄想一路坦途。坎坷才是真的人生，复杂才是真实的过程。强大的人从来都是经历磨难多的人，成功的人从来都是把困难踩在脚下当垫脚石的人，有大成就的人从来都是经历过风吹雨打能够证明自己不凡的人。

理解“小”人。“小”人往往受个人思维局限，易生嫉妒之心，易生危机之感。“小”人往往有非常敏感的神经，非常敏锐的眼光，能够感知或看到对手的痛处或缺陷。“小”人不擅长弯道超车，他们更愿意把对方撞停摧毁。“小”人不愿意分享，更喜欢抢占。“小”人见风使舵，遇险就跑，跑时还会咬上一口。这些是“小”人的特质，我相信存在即合理，“小”人的存在有着特殊的社会意义，他就像狼可以让羊群保持优胜劣汰一样，意义非凡。

提防“小”人。让我跌倒的不是石头，而是我的疏忽大意，让我失败的不是“小”人，而是我自己的缺失。和很多动物不同，人是自相残杀的智慧生灵。野牛群被狮虎攻击毙命的多是伤病的大牛和未成年的小牛，人群中被攻击崩溃的多是自我缺陷明显和修复过慢的人和组织。我要时刻提防“小”人的暗箭，更要快速健康地成长，能坚强地一直活下去就是成功。

谅解“小”人。“小”人总守着自己的一亩三分地过“小”日子，他们因为自己的缺陷时刻都在遭受着精神的摧残。常做“小”人者，人生坎坷往往更多，人生往往更平庸。“小”人的背后也有“小”人，“小”人也活得不容易，他们往往没有更好的处世之道才会常出损招，自己损的时候还担心别人更损，脑海里多是负能量，因此心灵会很累。我愿意谅解他们，甚至是同情他们，希望他们有朝一日能够回头或者遇到点悟他们的贵人，成为“大”人。

感激“小”人。比我强的人盯上我，是我的荣幸，因为能被强大者重视我可以借机研习更多；比我弱的人盯上我，不值得计较，但值得重视，因为我随时都有被绊倒或超越的风险。我被“小”人盯上就像树木遇到了啄木鸟，叮叮咚咚的，或许很痛，但是可以帮我找到缺陷，医好病患。因此我感激“小”人，感激这些带着特殊使命的人，或许没有他们，就没有我此时的骁勇善战和长袖善舞；或许没有他们，我就没有突破成长，站得更高的勇气。

【经典传承】

在淮阴有一群恶少当众羞辱韩信。有一个屠夫对韩信说：“你虽然长得又高又大，喜欢带着剑，其实你胆子小得很！有本事的话，你敢用你的佩剑来刺我吗？如果不敢，就从我的裤裆下钻过去。”韩信自知形单影只。于是，

他便当着许多围观人的面，从那个屠夫的裤裆下钻了过去。在场的人都嘲笑韩信，认为他很胆小。史书上将这件事称“胯下之辱”。

韩信并不是胆小，而是看清局面的睿智。

传说韩信富贵之后，找到那个屠夫。屠夫很是害怕，以为韩信要杀他报仇，没想到韩信却善待屠夫，并封他为护军卫。他对屠夫说，没有当年的“胯下之辱”就没有今天的韩信。

接受多元

爱自己，我要多角度地看世界，接受世界的多元化。

这个世界上没有完全相同的两片树叶，当然也不可能有完全相同的两个人，所有的人都一样，更是不可思议的事情。因此我要能接受各种各样的人，我要能接纳各种各样的观点，我要能理解各种各样的生活态度和生活模式。我不能要求所有的人都和我一样，因为我自己不一定是对的，我所看到的绝不是事物的全部。即使此刻我是对的，在特殊环境中可能也会是错的；一个观点即使在我的角度是对的，在他人的角度可能就是错的。

世界是多元的，认识是多样的，看问题的层面和角度是千变万化的，你怎样看世界世界就是什么样，你怎样思维你就拥有怎样的气场。我知道我对人对世界还存在太多无知，因此我要抱有虚心和包容的态度去工作生活，我要积极看待我所遇到的人和发生在我身边的事。我知道海纳百川有容乃大，我知道一个人能够包容多少人，能够积极影响多少人决定了他的成就有多大。

如果所有人都一样，是很可怕的。人们一样的真也会一样的假，一样的智慧也会一样的愚昧。所有人都一样了，世间就不再异彩纷呈，世界就没了生机，那样将是难以想象、非常恐怖的。世人不可能都做同样的事情，也不可能都处在同样的环境，即使形影不离的两个人也不可能对世界的认知完全一样，世人都活在自己的世界里。人的思想犹如艳丽的色彩，颜色有红橙黄绿青蓝紫，呈现出五彩缤纷的视觉世界，思想也有东南西北上下左右，展现出博大精深的精神空间。世界因为平衡而存在，不管是植物还是动物还是人类的世界都因为平衡而生生不息，而平衡是需要多样化多角度多方向的。

我接受多元，接受人们身体的差异，也接受人们思想的不同。我不允许自己存在歧视他人身体缺陷的心理，也不因为他人歧视我的身体缺陷而懊恼；我不允许自己嘲笑他人的浅薄，也不因为他人对我的误解而苦闷。我要做一个有包容心有爱心的人，我用发展的眼光看待人与事，我对任何人都抱有祝福，希望所有的人都能够不断成长，不断改善自己的形体和思维，成为更加自信、更加优秀的人。我对自己生活的世界热爱无比，我愿意善待所有进入我生命中的人，我愿意尽我所能给他们传递一份温暖的正能量。

人与人的层次是不一样的，人与人站的高度不同，我要努力地通过学习和修炼让自己站得更高看得更远，开阔自己的眼界，理解更高层次的智慧，触摸人类灵魂更高的境界。我接受世界的多元化，我也是众人中的一员，我要积极地扮演好自己的角色，让真善美在我的身上彰显，我要修炼博大的胸怀，让自己开心，让他人幸福。

【经典传承】

去过庙里的人都知道，一进庙门，首先是弥陀佛，笑脸迎客，而在他的北面，则是黑口黑脸的韦陀。但相传在很久以前，他们并不在同一个庙里，而是分别掌管不同的庙。弥勒佛热情快乐，所以来的人非常多，但他什么都不在乎，丢三落四，没有好好地管理账务，所以依然入不敷出。而韦陀虽然管账是一把好手，但成天阴着个脸，太过严肃，搞得人越来越少，最后香火断绝。

佛祖在查香火的时候发现了这个问题，就将他们俩放在同一个庙里，由弥勒佛负责公关，笑迎八方客，于是香火大旺。而韦陀铁面无私，锱铢必较，则让他负责财务，严格把关。在两人的分工合作中，庙里一派欣欣向荣景象。

灵魂修炼

爱自己，我要不懈地朝着健全的方向修炼灵魂。

健全的灵魂因自信快乐而魅力无穷，健全的灵魂因坚强进取而充满希望和力量，健全的灵魂爱自己也爱他人，健全的灵魂能够弥补肉体的遗憾超凡脱俗，健全的灵魂是真善美的化身。

健全的灵魂从自信快乐开始。我要积极地发现和培养自己的优势，不因为自己的不足而郁郁寡欢。健全的灵魂充满自信，追求对自我命运的掌控，我不要成为他人的累赘，更不要成为一无是处的寄生虫，我要自信快乐地活出自己的精彩。

生命之旅必定充满坎坷，难走的路多是上坡的路。我要坚强地向梦想挺进，不怕山高不怕路远，不怕过程遇到多少磨难。身体上的酸痛我能忍受，精神上的折磨我能扛住，我不会停下向上的脚步，直到我站得更高看得更远。我要用崭新的见闻和不断累积的成长印证我不灭的信念！我看得到远方，我充满百折不挠积极进取的力量。我要让更多人从我的身上感受到力量，看到希望！

我要和生命中遇到的人和谐相处，爱自己也爱他人。虽然我的力量有限，但我愿意在力所能及的情况下尽可能地帮助他人。我相信我的真诚之心能够感化众人的心灵，我相信我帮助过的人也多会成为我生命中的贵人，爱他人也是爱自己。我相信彼此没有敌意，互帮互助，互相成全的环境最利于灵魂栖息。

肉体的健全方便了我们的生活,灵魂的健全是我们人生幸福的源泉。人的幸福不是因为四肢健全，而是因为灵魂知足。健全的灵魂不一定驻在健全的肉体里，身体健全的人常常因为迷恋自己的肉体而失去了追求健全灵魂的动力，先天不足的身体里却常常孕育出伟大的灵魂。天生我材必有用，我不要过度关注自己比别人的缺失，而更应该用心关注自己比别人的擅长。以先天的弱势做到了常人做不到的事情，取得常人无法企及的成就，我就能够带给别人更大的鼓舞，这也许就是我生命的意义！

世俗中，人们难免以貌取人，却都有一颗想象真善美的心。或许受影视剧的误导，或许人的本性所致，我们太容易把残缺的肉体和猥琐的灵魂关联在一起，也太容易把俊美的身姿和圣洁的灵魂混为一谈。真实的社会并非如此，有足够社会阅历和精神深度的人能够对此理性的认知，人们终归更愿意接纳拥有美好心灵的人。

肉体每天在奔向死亡，我的灵魂才开始茁壮成长，肉体的死亡无法回避，对灵魂的健全延续我当充满向往。岁月会让身躯消逝，多年后再见不到踪影，灵魂留下的故事却可以代代相传，后人还可以体会我的思想，感受到我的力量。

【经典传承】

蛹看着美丽的蝴蝶在花丛中飞舞，非常地羡慕，就问：“我能不能像你一样在阳光下自由地飞翔？”

蝶告诉他：“第一，你必须渴望飞翔；第二，你必须有脱离你那非常安全、非常温暖的巢穴的勇气。”

蛹就问蝶：“这不是就意味着死亡？”

蝶告诉蛹：“从蛹的生命意义上说，你已经死亡了；从蝴蝶的生命意义上说，你又获得了新生。”

爱与付出

爱自己，我要重视爱的力量，在人生中无畏地付出。

爱是人们最渴望的情感。爱的本质是付出、护佑和成全，因此人们渴望爱就是渴望有人为自己付出，有人护佑，有人成全。爱上一个人就是要护佑、成全这个人，为这个人付出，让他感受到一生安全、幸福；爱上一件事就是要为这件事积极筹划，认真持久地落实，直到成功；爱上一株花，就要为它松土、施肥、浇水，直到鲜花盛开，陪到花谢茎枯。人们渴望爱，但爱绝不是索取，而是对所爱的人无怨无悔的悉心照料。

爱能产生神奇的力量。爱是吸引和麻醉，爱是灵魂的升华。爱的力量创造了世间万物，爱的力量可以突破大自然的种种藩篱，爱的力量可以让沉浸其中的人们舍生忘死。爱让我们坚定目标，爱让我们抛弃懒惰，爱让我们忘掉恐惧，爱让我们的人生激情燃烧。爱让这个世界充满太多想象的空间，爱让这个世界奇迹不断。深刻领会爱的内涵，找到爱的力量，激发起内心的潜能，我的人生一定会精彩无比。

爱是情感的交互，付出是自我价值的实现。爱要从我自身做起，我要像鲜花绽放把美丽展示出来一样，把最优秀的自己展示给世人，通过行动让更多人得到善意的帮助，我要给社会带来人性美的体验，带来正能量。我的人生不能只有标价，我要的是人生价值的实现。个人的价值是在他人的身上体现出来的，唯有付出让他人受益才能真正实现自我价值。我要通过自我的付出感化更多人，我相信感受到爱的人越多，也会有更多的人爱我。我微笑示人，人们也会回以微笑。我爱人人，人人爱我。

付出是一种幸运，我不能局限于斤斤计较。付出需要三个条件，第一是自己有意愿付出，第二是自己有能力付出，第三是他人给予机会付出。他人多不会像父母一样爱我，世间的爱大多都来自于我们的吸引和付出的交互。没有付出的意愿与行动也就缺乏收获的机会。我不能斤斤计较，因为那样会让我丧失成长的机会。世间有太多机会是我现在的能力无法把握的，我只有通过更多的付出来提升自己。我不能斤斤计较，世间好的机会都是有门槛的，是要靠自己努力争取，靠贵人提携的，能够得到一个施展才华的机会是人生的万幸。

我相信付出一定会有回报。付出所得到的回报形式多样，付出所得到的回报时间不一，而我们往往只盯着现实的物质回报，要求付出立刻见到回报，这是人生的重大误区，是人不成熟的重大标志。我要做思想成熟的人，我知道我生活中的付出都在以个人能力的提升、阅历的增加、他人的认可等形式回报给我。我知道一个人想要有钱先要值钱，我知道凡是眼前就有回报的往往是小利益，大的回报往往都需要经历一个“付出”量变到质变的过程。

【经典传承】

1935年5月，中国工农红军总司令朱德在四川冕宁发布《中国工农红军布告》：“红军万里长征，所向势如破竹；今已来到川西，尊重彝人风俗。军纪十分严明，不动一丝一粟；粮食公平购买，价钱交付十足。”布告以朗朗上口的通俗语言，宣传了红军的政治主张和铁的群众纪律。

在艰苦的长征途中，红军物资给养非常匮乏，甚至连基本的生存条件都不具备。但是，红军指战员严格遵守三大纪律、八项注意，用实际行动保护人民利益，赢得了沿途广大人民的衷心爱戴和支持帮助，也留下了一段段脍炙人口的佳话。

爱满家庭

爱自己，我要经营好一个温暖的家。

家是心灵的港湾。没有家的人是孤独的，灵魂是漂泊的。没有家的人犹如茫茫大海上风雨飘摇中随时可能倾翻的小舟，灵魂里充满了凄冷、恐惧和哀号。我需要一个家，我需要一个遮风挡雨的地方，我需要一个温暖我身体和灵魂的空间。我需要一个家，我需要有亲人相伴，我被他们接纳，被他们宠爱，被他们依赖，他们信任我，支持我，不抛弃我，不伤害我。有个温暖的家，我才能安心地入眠，我才有祥和的美梦。

家需要用心经营。我能有个家，已是人生万幸。我的家或许不够完整，或许不能几世同堂，其乐融融，但是我要懂得珍惜已经拥有的。人最大的智慧是懂得珍惜能够把握的，而不是奢望无法企及的。家是讲爱的地方，不是讲理的地方，家庭最好的沟通方式是用爱换爱，用情暖情。家庭的温馨从我开始做起，我不能陷入斤斤计较、睚眦必报的旋涡，一个对自己家人都不能包容、不愿付出、不肯让步的人多是没有朋友，没有出息的。

家是梦想的支点。当我想要为家做些什么的时候，我就有了梦想；当我想要支撑起家庭幸福的时候，我的梦想就开始放大；当我想要更大程度、更大范围地惠及家人的时候，我的梦想就开始升华。家是我梦想起航的地方，家是我的心灵所系，家也是我梦想的支点。在外征战的勇士，最希望家人平安；在外追梦的人，最希望家庭和谐。每一个来自家庭的消息都会激发我奋斗的勇气，每一丝家庭的温暖都让我体验到自己奋斗的价值。

家人是最亲密的团队。每个人都渴望有归属感，每个人都渴望有组织生活，而家庭就是上苍赐给我们的最亲密组织，家人就是最亲密的团队成员。家人之间要么有血浓于水的骨肉亲情，要么有山盟海誓生死相许的亲密爱情，这些情感都是其他情感无法超越的，拥有这样情感的一家人应该是最具凝聚力最默契的团队。如果这样的团队我们都运营不好，我们哪里还有资格夸下海口去运营好其他形式的团队。我要通过努力让我的家人更亲更近更幸福，我要支撑起家庭，引领家庭成员成为彼此最强的支撑，让家里的每个人都幸福了，才是圆满的人生。

家是任由我们装修的房子。我们往家里存放什么，家就是什么；我们在家里描绘什么，家就是什么样。我要让我的家充满爱，在我的家庭里，父母慈爱无比，夫妻恩爱有加，兄弟姐妹亲近和睦，子女刻苦上进，知书达理。我知道这一切都需要我的苦心经营，我愿意为了这样美好的家庭，为了人生的幸福奋斗终生。

家是小小国，国是大大家。我希望能够把对家人的爱升华到更高的层面，经营好自己的朋友圈，让更多人爱家爱国，只有这样，我的小家才能拥有更健康的环境，才能变得更好。

【经典传承】

餐桌上流行一首顺口溜：握着老婆的手，好像右手握左手。每当有人念出，熟悉的或不熟悉的一桌子人便会意地放声笑起来，气氛立刻就轻松了。当然，这是基于人家对该顺口溜的一致理解——感觉准确，描述到位。

有一天，在餐桌上又有人念起这段顺口溜，男人们照例笑得起劲。后来发现餐桌上的一位女人没笑。男人们忙说闹着玩别当真。没想到女人认真地说：“最妙的就是这‘右手握左手’。第一，左手是最可以被右手信赖的；第二，左手和右手彼此都是自己的；第三，别的手任你怎么愉悦兴奋魂飞魄散，过后都是可以甩手的，只有左手，甩开了你就残缺了，是不是？”一桌子男人都佩服，称赞女人的理解深刻而独到。女人淡淡地说：“有什么深刻而独到，不妨回去念给你们各自的老婆听听，看她们说些什么。”

男人当中有胆子大的果然回去试探老婆，老婆们的理解均与餐桌上的女士相同。她们都是左手，男人们当然要以左手计。而他们都是右手，他们当然做右手想。

放空自己

爱自己，我要适时地放空自己。

电脑是根据人脑的思维创造的，电脑使用过程中会因为文件过多出现速度放缓的现象，也会因病毒感染出现崩溃死机的现象，人脑其实也是。我们的大脑也像电脑一样，容不下太多东西，更容不下太多的垃圾和病毒，否则就会迟钝，就会出现疲劳，伤神伤心，甚至崩溃。

我们的身体和灵魂就如空空的杯子，初始的时候除了天赐的生命和特质外，其他一无所有。人生就是不断往杯子里灌注东西的过程，灌注的内容和由此产生的启迪、异变决定了我们的人生选择和生命质量。身体和灵魂互相影响，身体的健康会让人神清气爽，信心百倍，身体上的疾病会让人压力山大，黯然神伤。精神的健康，能够提升身体的机能，精神的异常也会让身体状况严重下降。尤其值得重视的是精神上的疲劳不像身体的疲劳那么容易恢复，精神上的累会更累，会让人心灰意冷，甚至万念俱灰，从而引发可怕的行为发生。

人有两种方式让自己减轻负累保持愉悦：第一种是尽可能地少负重，尤其避免负面病毒信息的接收；第二种是努力地提升负重的能力，甚至修炼出化腐朽为神奇的转化能力。

第一种方式，要求人没有过多的追求，始终让自己处在较为闲适的状态，清心寡欲，给自己的灵魂预留足够的空间。

第二种方式，要求人刻苦地历练自己，经历更多事情，尝过更多酸甜苦辣，对人生有深入的思考，强化提升灵魂负重的能力，扩充灵魂的存储空间，甚至修炼出来能够化任何向下力量为向上力量的U形管思维。

我是一个有追求的人，至少我知道想要保持现有的生活或者希望比现在过得更好的话，我无法停止奋斗。我曾经感到过苦累，甚至想过隐居山林，可是我发现我做不到，于是知道我要学会以上两种处理负重的方式。我反复地修炼以上两种方式，经常陷入深深的思考，终于发现我所需要的是适时地放空自己。

我赤条条地来到人世间，本是一无所有，当感恩一切所遇所得。生命中所有的遇见都是身外之物，我最该关注的原来是自己。爱自己，我要更用心地关注自我，我要学会冥想，在冥想时，我要默念“我要的是快乐幸福，我不要压力，不要繁杂，不要成败，不要荣辱，任何事情我此刻都不想，任何事任何人此刻都不要进入我的大脑，都不要影响我的身体，不要伤害我的灵魂。我最要爱的是自我，我在一切都在，我好一切都好”。我要通过冥想放空自己，当放空自己的时候，就是对灵魂的格式化或是恢复出厂设置，由此我仿佛获得了新生，体内涌现出无欲而刚的能量，于是我的身体和灵魂回归和谐，一切重新顺利起来。

【经典传承】

一个人被烦恼缠身，于是四处寻找解脱烦恼的秘诀。有一天，他来到一个山脚下，看见在一片绿草丛中，有一位牧童骑在牛背上，吹着悠扬的横笛，逍遥自在。

他走上前去问道：“你看起来很快活，能教给我解脱烦恼的方法吗？”

牧童说：“骑在牛背上，笛子一吹，什么烦恼也没有了。”他试了试，却无济于事。于是，又开始继续寻找。

不久，他来到一个山洞里，看见有一个老人独坐在洞中，面带满足的微笑。

他深深鞠了一个躬，向老人说明来意。老人问道："这么说你是来寻求解脱的？"

他说："是的！恳请不吝赐教。"

老人笑着问："有谁捆住你了吗？"

"……没有。"

"既然没有人捆住你，何谈解脱呢？"

他蓦然醒悟。

心中的神

爱自己，我要学会与心中的神对话！

人是大自然的一部分，与茫茫宇宙相比，人是极小的尘埃。人不是宇宙的中心，更不是宇宙的主宰，人是受大自然影响靠大自然存活的。人与大自然是息息相通的，人是大自然中拥有生命的能量体，和其他各种类型的能量体之间存在着相互依存，能量互动的关系。

人是社会的一分子，每个人只是全球60多亿人中的一个而已。一个人的能量是有限的，10个人的能量会放大许多，100个人的能量会更大，以此类推，人越多所蕴含的能量越大。10个人组成的组织是一个大的“人”，100个人组成的组织是更大的“人”，数亿人组成的组织也是一个“人”，这个“人”大得无形。

人应该是自己的主宰，但是大多数人却不能主宰自己的命运。人都希望自己选择得更好，生活得更幸福，但大多数人倾其一生都未能如愿，岁月匆匆而过，日子平平淡淡，自己却变得庸庸碌碌，美好的向往成了一生未能实现的美梦。当然，我们也一定能见证许多人成为自己生命的主宰者，驾驶着生命之舟一直驶向梦想的地方，最终美梦成真，幸福无比。

在人生的道路上，冥冥中我们总会感觉有种超乎常人的能量在指引着我们，左右着我们，总感觉有种巨大的能量让我们感到唯有仰视，高不可及，我们需要去亲近它、依靠它，常常遇到困难的时候我们会求助于它，希望得到它的眷顾和帮扶。这种能量或来自大自然或来自庞大的人群，或来自集合优秀特质的人，甚至来自我们的自身。这种能量真实存在，人类却一直无法解释，无法见证，因此称之为“神”！

神是宇宙的规律，神是人类的共识，神是社会的规则，神是强悍的灵魂。人们只有一个通道与神对话，那就是叩问自心，与自己的灵魂对话，因为神藏在每个人的内心深处。无论我们通过其他何种途径尝试与神对话，最终都要九九归一回到我们自己的心灵，最终所有的判断都会在我们的内心产生，所有的结局都会由我们的决定而得来。

我要学会与心中的神对话，神时刻在我的心里，时刻在听我的心声，时刻在监督我的言行。我要学会和神对话，让神明白我的心，我要感受到神的旨意，接受神善意的指引。神只愿意长远地成就善行，神只愿帮助走正道或愿意改邪归正的人，我不要因为做了错事到神的面前忏悔，我只希望通过优秀的表现得到神的青睐。

我要学会与心中的神对话，通过经常的沟通和推演掌握判断是非善恶的能力，通过聆听内心中神的指引，感受内心中神的护佑，坚定自己生存的信念，强化自己进取的勇气。经常与神沟通，我的内心一定会产生强大的意念力量，我相信意念可以改变人生轨迹。

【经典传承】

苏东坡与佛印和尚是好朋友。有一次，两人相对坐下看着对方。苏东坡问佛印："你看到了什么？"佛印回答说看到了佛。他反问苏东坡看到了什么，苏东坡回答说看到了牛粪。

当他得意扬扬地回到家中，并把这事告诉苏小妹，满心以为这是他与佛印和尚暗中较量的一次辉煌的胜利，没想到苏小妹听了却摇头叹息道："你输得好惨。"苏东坡不解，苏小妹解释道："因为你心中有什么，你就会看到什么。佛印心中有佛，所以眼中看到的就是佛，而你心中……"

只要心中有佛，你眼中所看到的就是佛。

本章小结

如果我是一个鲜活生命的旁观者，我会看到其他更多的人，而不是只看到自己。我会看到过去的人和现在的人，我会看到不幸的人和幸运的人，我会看到悲伤的人和快乐的人，我会看到失败的人和成功的人，我会看到自己的过去、现在和未来。

我会看明白很多东西。一个人要快乐，首先是自己的心灵要快乐，不关乎外在的条件；一个人要幸福，首先是内心要知足，奢望是幸福最大的杀手；一个人要想优秀，最重要的是要不断地学习成长；一个人要想得到更多，最重要的是要懂得如何有能力付出更多。

我会坦然地面对人生中遇到的任何人、任何事。好的人与事会让我感到愉悦，不幸的人与事会给我带来警醒。人的一生应该是奋斗的一生，我不奢望一生走在平坦的大道上，我知道任何光辉的人生都是在坎坷中历练出来的。

人生的轨迹都是由自己决定的，我是自己命运的主宰。因此我要用心地爱自己，用心地修炼自己，不要因为外界的影响而伤害自己，不要因为外界的环境而否定自己。一个懂得爱自己的人才会赢得他人的爱。

爱自己的人要乐观起来，微笑起来，我从现在开始就要每天微笑着面对人生，我自己的小小改变会让身边的世界立刻阳光灿烂。

第三章

爱上销售

第二部

爱　田　鲁

序 言

这一章是修炼营销心智的秘笈，这是能改变数以万计营销人员命运的一章。这里浓缩了众多营销精英智慧的传世奇书，是参透人生成功秘密的箴言集萃，这章是你阅读过的最能提高你生存技能和处世智慧的宝典。

这一章值得你反复诵读。读一遍，你将热血沸腾；读两遍，你将明白人世间的道理；读三遍，你将感受到内在能量的提升；读四遍，你的表现将会悄然发生改变；读五遍，你周围的环境将会因你而不同；读六遍，巨大的能量将会浸入你的灵魂；读七遍，你的工作成就将会出现飞跃；读八遍，你将成为不需要别人激励的超人；读九遍，你将会拥有富足的能量，你的一生将不再贫穷；读十遍，你将拥有改变别人的能量和智慧；读十一遍，你将看到十多年后既富且贵的你是如此逼真；读十二遍，你的周围将会围绕众多和你一样拥有宇宙智慧和能量的人；读十三遍，你将会开启通天的眼睛，看到自己在人生的舞台上所向披靡；读十四遍……读二十遍，一直读下去，你会发现人世间所有美好的奇迹都不可思议地在你身边呈现！

这是挖掘潜能的一章，这是传授致富的一章，这是聚集正能量的一章，这是开启人生智慧的一章，这是解读能量秘密的一章。这一章的宗旨是让你认知自我无限的潜能，认知成功的绝密渠道——神奇的营销。

爱上营销，你将从此超凡脱俗，卓尔不群；爱上营销，你将开始掌握通向财富的技巧；爱上营销，你将会和那些能量微弱的人划清界限；爱上营销，你的命运将从此实现质的飞跃；爱上营销，你将会把很多同龄的人远远地甩在后面；爱上营销，你将会找到内在的自信；爱上营销，你会拥有富足的人生；爱上营销，你会拥有顶级优秀的朋友；爱上营销，

你会拥有高贵的灵魂。

爱上营销，你会发觉自己有了一双参透财富的眼睛，你会发现这个世界到处都是创富的机会，你会发现创富是一件非常容易的事情，你会发现只要你需要，你就会有源源不断的财富。爱上营销，你会发觉自己有了一个参透人生的大脑，你会拥有与众不同的思维，你会让自己的身边时刻聚集着护佑自己的正能量，你从来都不知道什么是烦恼，因为你时刻在享受人生的快乐幸福。爱上营销，你会发觉自己有了博大的胸怀，因为心灵的强大，你感觉世界是你的；因为灵魂的升华，你感觉你是世界的。爱上营销，你会发觉你的一切源自善良的愿望必有众人的成全，你的一生将自助天助，事事神助！爱上营销，一生无悔！

一生的营销

今天，我从事了营销的职业，我知道这是任何人一生都无法回避的职业。今天我能以专职的身份从事这一职业，必将是我人生最大的幸运。

呱呱坠地的婴儿在营销，因为他们的啼哭，母亲给予了甘甜的乳汁。

毕业的学生在营销，不折不挠的自我推荐和优化开启了他们五彩缤纷的职业生涯。

相亲的男女在营销，能否把自己恰当地展示给对方，决定了两人的缘分，影响一生的幸福。

工作的人在营销，能否把工作做好，能否融入团队，决定了他们在团队里的命运。

从商的人在营销，他们把各种各样的产品、服务创造出来，推广给需要的人，营销的好坏决定了事业的成败、组织的前途。

从政的人在营销，没有好的营销，他们的理念得不到好的理解、接受和践行，当然无法实现造福社会的夙愿。

普通的人在营销，每个人都在为了生存而努力地拼搏，让社会认可自己的价值，自己得到可以维系生存，追求美好生活的回报。

国家领导人也在营销，他们在把自己国家的好产品、好资源、好技术、好人才、好理念向世界推广，没有营销就没有政治的影响力。

这个世界的万事万物都在营销，鸟儿有不同的鸣叫，花儿在不同的季节开放，动物们都有自己的生活习性和需求，植物们都有自己的生长特点，它们都在不断地进化中，都在以自己特有的方式展示自我。

因为营销，这个世界充满了乐趣；因为营销，这个世界到处都是奇迹。

既然营销是任何人都无法回避的，我庆幸我自己的选择，我将刻苦修炼营销的技能和心态，成为顶级的营销人才。

我要成为顶级的营销人才，我可以销售任何产品和理念；我要成为顶级的营销人才，我可以用知识和爱心打开一切客户的心门；我要成为顶级的营销人才，我将营销视为我终身的职业；我要成为顶级的营销人才，因为我知道只有顶级的营销人才才是这个世界的强者；我要成为顶级的营销人才，因为我知道只有顶级的营销人才才能得到人世间最美好的祝福！

我要一生营销，营销一生，做顶级的营销人才，享受顶级的人生幸福！

【经典传承】

贵为国务院总理的李克强是我国经济领域的最高领导人。

中国经济连年高速增长，各个行业拥有极其庞大的产能，13亿人倒腾倒腾也创作出了许多文化产品，偌大的中国宛如一家开足马力的“工厂”，正创造着越来越多各式各样的产品。但是，面对欧美市场的不振，中国海量一般的产品总不能都淤积在国内吧？

这时候就需要一个“超级推销员”——一方面，为中国这架庞大的经济机器获取更安全、廉价的原材料；另一方面，为中国强劲的出口潜力寻找市场。

而李克强总理在2013年出席东亚领导人系列会议并访问文莱、泰国、越南东盟三国的行程，就展示了大国经济当家人为国家经济争取有利条件和热情“推销”国家产品的“超级推销员 style”。

李克强总理此行可谓收获颇丰，从能源、农产品、旅游、高铁、人民币乃至电影等方面，都“推销”成功，为中国经济寻找了新的出口发展方向。

不愧是经济学博士！

简单的营销

营销工作很简单，就是告诉别人我们的资源或需求，得到别人的信任、交换或帮助。

营销工作很简单，就是对成千上万的人说同一件事情，营销就是对一个人说同样的事情换着方法说上千万遍。

营销工作很简单，最难的是简单的事情做上千万遍。

我很小的时候就听到过卖油翁的故事，我相信他那高超的技艺一定是经过千遍万遍的重复才训练出来的，我也要练就营销的高超技艺，提升与客户的沟通技巧。

营销工作很简单，客户的问题很有限，我一定能够在短时间内全部掌握那些问题的回答技巧，并熟练运用。

营销工作很简单，绝对没有高中数学的难度，更没有大学微积分的难度，营销工作只是一个传递信息和客户交流的简单工作。

营销工作很简单，我一定有能力做好它，因为这种能力是天生的，我所需要的就是通过不断的实践，唤醒它，唤醒藏在我内心的巨人。

营销工作很简单，我一定有毅力做好它，因为我知道这个世界上想成功其实不难，大多数人都在前行的道路上退缩了，只要我能坚持住，我就是那个享受成功荣耀的人。

营销工作很简单，我一定有兴趣做好它，因为我知道营销虽然简单，但是绝对不枯燥，每天面对不同的客户，每天面对不同的提问方式，每天接触不同的思维方式，每天我自己都在进步，这是一件非常有趣的事情。营销工作很简单，我要做的就是要把营销的功力练到极致，练到炉火纯青。这个世界上人与人的竞争更多的不是取决于你的短板，而是取决于你的长项，长矛理论比短板理论更能造就成功的人。

营销工作很简单，我对营销工作不应有任何的恐惧，如果我对如此简单的事情都产生恐惧，我将来就没有办法去攻克更复杂的困难，就没有能力去驾驭巨额的财富，就没有办法和更高端的人群在一起谈经论道。营销工作很简单，但是简单绝不代表可以坐享其成，我要以全身心的爱去从事营销，我深深地知道，起初它也许不是我最喜欢的，但它是最能满足我需求的。我更坚定地相信简单的事情重复做，重复的事情坚持做是高明的智慧。任何一个职业只要做到顶尖水平，都是让人敬仰的，营销更是具有无限大的想象空间。

【经典传承】

从前，有个卖油的老头经过一个大庄园时，看到三兄弟在演练箭法，旁边挤满了看热闹的人。

三兄弟个个精神抖擞，骑在马上，搭弓射箭，箭弦响动处，箭镞往往十有八九正中靶心，引得周围的人们一片喝彩。唯独这位卖油的老头只是会心笑了一下，并没有任何表示。卖油老头的举动被三兄弟中的老三看在眼里。

他马上来到老头面前，说："大胆老头子，你竟敢看不起我家兄弟的箭法？"

卖油的老头沉稳地说："不敢，不过，小老儿自以为这也没什么了不起。"

"难道你也有百步穿杨的射箭本领吗？"老三非常气愤地问。

"射箭本领我是没有，不过，倒是有一项

雕虫小技可以献丑。”卖油老头说着，从腰间取出一枚小铜钱放在一个空瓶嘴上，然后用盛器取出缸里的油，离开有三尺多高，让油徐徐地流成一条细线进入瓶子里。瞬时间，瓶子已盛满了，而瓶嘴的铜残竟连一滴油也未沾上。

卖油老头淡淡地对惊讶不已的年轻人说：“其实，这也没什么了不起，只不过是熟能生巧罢了。”

快乐的营销

营销工作很快乐，把自己的思想装进别人的脑袋，把别人的钞票装进自己的口袋，本身就是一件非常令人快乐，让人备感神奇的事情。

营销工作很快乐，为了更好地给客户讲解，我创意无限，每天都有新创意，每天都要激发自己的创造力，这是人生中再快乐不过的事情了。

营销工作很快乐，对冠军的追逐本身就是一场人生的游戏，营销工作中每月、每季度、每年都在进行冠军的争夺，想到自己或看着别人获奖、享受荣耀都是一件非常快乐的事情。

营销工作很快乐，工作中慢慢植入我们内心的“冠军精神”，是我们人生的巨大正能量，追逐冠军的时候，我时刻热血沸腾，热血沸腾的快乐时光足以让人一生铭记。

营销工作很快乐，工作中同事间的互相帮助是让人感觉温暖的，和一群积极向上的人在一起共事，互帮互助共同成长，这样的工作既温馨又快乐。

营销工作很快乐，能够给客户提供机会，提供帮助，分担苦恼，分享客户成功的喜悦，是营销工作中的乐事，这些和客户的互动让我感受到自身的价值，当然快乐无比。

营销工作很快乐，营销工作可以让我接触形形色色的客户，达到阅人无数的人生境界，与不同的客户沟通可以从不同的角度了解人性，与智慧的客户沟通我学到很多人生的道理，三人行必有我师，每天面对这么多的客户，这么多好老师，能够学到无穷多的知识，我充满了快乐。

营销工作很快乐，工作中我能感受到自己的成长，业绩的每一次突破，心灵的每一次提升，我都能深切地感受到快乐，这种快乐的感觉绝不亚于走近富氧的原始丛林，这种感觉绝对像站在尼加拉大瀑布前尽情地呼吸，畅快淋漓。

营销工作很快乐，这种快乐来源于伙伴们给我的不断激励，这种快乐来源于客户给我的感激，这种快乐来源于自我的肯定，这种快乐来源于内心变化引起的气质成熟，这种快乐来源于我对工作、对生活、对人、对人生有了一步步更深入的认知。

营销工作很快乐，我要在快乐的环境中继续成长。一个人的价值是在付出中体现的，我通过营销的工作拥有了帮助别人的能力，拥有了让别人接受我帮助的能力，实实在在地帮助到了很多人，这是非常值得开心的事情！我要有更强的能力，要能够付出得更多，我付出得越多，得到得将会越多，我越来越认识到这是走向成功的真谛！

【经典传承】

从前，山中有座庙，因庙里没有石磨，所以每天都要派和尚挑豆子到山下农庄去磨。

一天，有个小和尚被派去磨豆子。在离开前，厨房的大和尚严厉地警告他："你千万要小心，庙里最近收入很不理想，路上绝对不可以把豆浆洒出来。"

小和尚答应后就下山去磨豆子。在回庙的山路上，他一想到大和尚凶恶的表情及严厉的告诫，愈想愈觉得紧张。小和尚小心翼翼地挑着装满豆浆的大桶，一步一步地走在山路上，生怕有什么闪失。

不幸的是，就在快到厨房的转弯处时，前面走来一位冒冒失失的施主，撞得前面那只桶的豆浆倒掉了一大半。小和尚非常害怕，紧张得直冒冷汗。大和尚看到小和尚挑回的豆浆，当然非常生气，指着小和尚大骂了一顿。一位老和尚听闻，安抚好大和尚的情绪，并私下对小和尚说："明天你再下山去，观察一下沿途的人和事，回来给我写个报告，顺便挑担豆子下去磨吧。"小和尚推卸，说自己连磨豆子都做不成，怎么可能既要担豆浆，又要看风景，回来后还要写报告？

在老和尚的一再坚持下，第二天，他只好勉强上路了。在回来的路上，小和尚发现其实山路旁的风景真的很美，远方看得到雄伟的山峰，又有农夫在梯田上耕种。走了不久，又看到一群小孩子在路边的空地上玩得很开心，而且还有两位老先生在下棋。这样他一边走一边看风景，不知不觉就回到庙里了。当小和尚把豆浆交给大和尚时，发现两只桶都装得满满的，一点都没有溢出。

有价值的营销

营销工作的价值是巨大的，没有营销工作就没有当今世界的经济格局；没有营销工作就没有商品的流通，就没有技术的进步革新，就没有社会的欣欣向荣、蓬勃向上。营销巨大的社会价值也许不容易感知，但营销对我个人的影响和帮助我是有深切感受的。

营销可以让我获取较高的经济回报

我已经或者正要从营销的工作中获取到丰厚的经济收获，不过这不是最重要的，最重要的是我知道社会上的知名企业家或者是营销出身或者是精通营销的，我更看中的是通过刻苦的营销磨炼成为具备能力驾驭企业经营的人，我在未来也要成为优秀的管理者，服务更多人获取更可观的回报。

营销可以让我开阔视野

读万卷书不如行万里路，行万里路不如阅人无数。营销是个阅人无数的职业，在阅人无数的过程中我不断地开阔我的视野，这不仅有利于我做好当前的工作，也有利于我心智的成长，人不经一事不长一智，营销是让我快速积累人生经验的工作。

营销可以让我磨炼心志

在营销工作中，我面对最多的一定是拒绝，拒绝往往会快速地消耗人的正能量，让早晨起来时满满的信心快速地下降到冰点。我知道拒绝之所以会消耗正能量，不是拒绝本身的问题，而是我对拒绝认知的问题。我要通过营销工作磨炼心志，让自己对拒绝有全新的认知。拒绝其实是从负面的角度给予我更大的正能量，让拒绝的暴风雨来得更猛烈些吧，我将因为面对更多的拒绝而快速强大，超越那些已经退却的人，超越那些还在犹豫不决的人！

营销可以让我学会做人

做事先做人，销售产品先销售自己，营销工作让我深刻地领会到学会做人的重要性。学会做人，开发一个客户等于开发了一群客户，否则丢失一个客户则丢失一群客户。在营销工作中，我体验到了先付出后回报的深刻含义和为客户真诚服务，赢得客户长久信任的巨大价值。

营销可以让我懂得大爱

成交一切为了爱，我有了更全面的体会，这种爱不仅是为了自己、为了自己的家人，还是为了团队、为了客户。一个有爱心的人才会拥有更多的助力，一个拥有大爱的人才能感召更大的正能量，一个付出大爱的人才能吸引财富滚滚而来。

我深爱营销的工作，营销工作必将使我快速成长，让我成为社会的精英！

【经典传承】

秦王派人对安陵君（安陵国的国君）说："我打算用方圆五百里的土地交换安陵，安陵君一定要答应我！"安陵君说："大王给以恩惠，用大的地盘交换我们小的地盘，实在是善事。即使这样，但我从先王那里接受了封地，愿意始终守卫它，不敢交换！"秦王知道后（很）不高兴，因此安陵君就派遣唐雎出使秦国。

秦王对唐雎说："我用方圆五百里的土地交换安陵，安陵君却不听从我，为什么？况且秦国使韩国、魏国灭亡，但安陵却凭借方圆五十里的土地幸存下来，就是因为我把安陵君看作忠厚的长者，所以不打他的主意。现在我用安陵十倍的土地，让安陵君扩大自己的领土，但是他违背我的意愿，这不是看不起我吗？"唐雎回答说："不，并不是这样的。安陵君从先王那里继承了封地所以守护它，即使是方圆千里的土地也不敢交换，更何况只是这仅仅的五百里的土地呢？"

秦王勃然大怒，对唐雎说："先生也曾听说过天子发怒的情景吗？"

唐雎回答说："我未曾听说过。"秦王说："天子发怒的时候，会倒下数百万人的尸体，鲜血流淌数千里。"唐雎说："大王曾经听说过百姓发怒吗？"秦王说："百姓发怒，也不过就是摘掉帽子，光着脚，把头往地上撞罢了。"唐雎说："这是平庸无能的人发怒，不是有才能有胆识的人发怒。专诸刺杀吴王僚的时候，彗星的尾巴扫过月亮；聂政刺杀

韩傀的时候，一道白光直冲上太阳；要离刺杀庆忌的时候，苍鹰扑在宫殿上。他们三个人，都是平民中有才能有胆识的人，心里的愤怒还没发作出来，上天就降示了吉凶的征兆。现在专诸、聂政、要离连同我，将成为四个人了。假若有胆识有能力的人被逼得一定要发怒，那么就让两个人的尸体倒下，五步之内淌满鲜血，天下百姓将要穿丧服，现在就是这个时候。"说完，拔剑出鞘立起。

秦王变了脸色，直身而跪，向唐雎道歉说："先生请坐！怎么会到这种地步！我明白了：韩国、魏国灭亡，但安陵却凭借方圆五十里的地方幸存下来，就是因为有先生您在啊！"

当业绩不理想时

当业绩不理想时，必定是我自己出了问题，我决不允许自己找客观的原因，因为找客观原因只能让自己在竞争中失败，只能让自己因为借口而放弃了创新，放弃了进步，放弃了尝试的行动。我只有找自身的原因，只有自我反思才能进步，只有自己进步才能脱颖而出。

当业绩不理想时，首先我要反思自己是不是心态上出了问题，是不是我懒惰了，是不是我分心了，是不是我信心不足了，是不是我学习不够了……找到原因对症下药才会产生立竿见影的效果。通常原因是复杂的，那就不要考虑那么多了，往往越是找原因就越会找出更多的借口，只要记住一点就行了，业绩不好就是因为自己激情不够了，行动力不足了，那就什么都不要想了，只要自己行动起来一切就好起来了！不信你试试，把手高高地举起攥紧拳头，快速下拉，口中大声喊："Yes！"你就会发现自己的情绪有所好转。行动起来吧，不要再做思想的巨人，行动的矮子！

当业绩不理想时，我绝不找比我能量弱的人抱怨，因为那样我会成为一个害死别人的坏人，当然我甚至不去找我同级别的任何人去抒发郁闷，如果实在需要宣泄我愿意选择找我的领导，我的领导能力一定比我强大，我今天所经历的他以往一定都经历过，也许我认为无法跨越的坎坷，对于他来讲只不过是小菜一碟。如果我不想影响我的领导，我就要成为一个可以自我激励的超人，我可以通过阅读积极的书籍、看积极的视频资料来强大自己的内心，驱走消极的阴霾。

当业绩不理想时，就说明我需要快速提升了，一定是我的营销技巧出了问题。我要积极地向优秀同仁请教学习，我要强化训练我的逻辑思维能力，我要学习更多相关的专业知识，我要刻苦地训练，请领导指导分析我营销中出现的问题，争取用最短的时间把自己的营销知识和营销技能提升到一个新的层次。我坚定地相信“工欲善其事，必先利其器”，刀子磨得锋利了，斩获定会快速地提升上来。

如果我是一个管理者，当业绩不理想时我还要看看是不是我的团队成员结构出了问题，我要确保我的团队成员快速地提升，确保成员的优秀，因为只有优秀的士兵才能打赢战争，只有优秀的营销人才才能做出优秀的业绩。

当业绩不理想时，我绝不埋怨领导，绝不埋怨公司，因为领导和公司的责任和压力更大，他们更希望把业绩做好，我一定会在自我反省提升的基础上积极给公司献计献策，帮助领导排忧解难的员工才是最优秀、最有前途的员工！

【经典传承】

有三个人要被关进监狱三年，监狱长给他们三人一人一个要求。

美国人爱抽雪茄，要了三箱雪茄。法国人最浪漫，要一个美丽的女子相伴。而犹太人说，他要一部与外界沟通的电话。

三年过后，第一个冲出来的是美国人，嘴里鼻孔里塞满了雪茄，大喊道：“给我火，给我火！”原来他忘了要火了。接着出来的是法国人。只见他手里抱着一个小孩子，美丽的女子手里牵着一个小孩子，肚子里还怀着第三个。最后出来的是犹太人，他紧紧握住监狱长的手说：“这三年来我每天与外界联系，我的生意不但没有停顿，反而增长了200%，为了表示感谢，我送你一辆劳斯莱斯！”

营销技能练出来

人生在事业上的成长有三个层次：一是学知识、懂道理；二是训练过硬的技能；三是磨炼心志。每一个层次的完成都是要经历一番痛苦的，“宝剑锋从磨砺出，梅花香自苦寒来”是非常真切的写照。关于学知识、懂道理，我经历了十年寒窗苦读，并且还要在走上社会后继续深造；关于训练过硬的技能，我知道更加需要自己具有谦虚、隐忍、坚持的品质，我坚信自己能够练就一身好“武艺”，在营销工作中大展身手。

在营销的技能训练过程中心境会经历四个阶段，即好奇、枯燥、压力、超脱。其中最容易让人产生放弃想法的是第二个阶段和第三个阶段。如果有放弃的想法，也许就在这两个阶段中，我绝不容许自己轻言放弃，因为爬山的人也都是在半山腰感觉最累的，如果因此放弃了我就丧失了登临顶峰眺望无限风光的机会。更可怕的是，如果这样一种放弃成了我职业生涯中的习惯，将注定我此生一事无成，而这种结果是我无论如何不想要的，因此我只有一条路可以选择，那就是无论现在是在第二阶段还是第三阶段我都要坚持，直到修成正果，修炼到超脱的阶段为止，感受成功的喜悦。

营销技能的训练重点是逻辑思维能力的训练，这种训练需要通过多听高手沟通、多听营销技巧培训、多对练、多请领导帮助分析来实现，仅仅通过背诵话术和照抄别人的方法是无论如何提升不上来的。因此我在训练中需要更加具有积极主动性，需要尽快地独立起来，只有独立思考了才会发现自己的不足，才能准确把握客户心理，只有弥补了自己发现的不足自己才会快速地提升。今后的工作中我一定自己大胆地谈客户，及时地向领导和优秀的伙伴请教，我相信这是对自己最好的训练方式。

营销技能的训练中重要的还有为人处世的训练。我一定要谨记以真诚之心对待客户，决不允许自己有为私利欺骗客户的行为，尽自己的努力为客户提供周到的服务，让客户感受到我们的产品和服务的优越性。

营销技能的训练和打字训练差不多，都有个由生疏到熟练，到自如操作的过程，只要肯下苦功夫，铁杵一定能够磨成针！我已经见证了优秀伙伴们的成功，我就有充分的理由相信自己一定能够成功。

士兵在军队的成长中是分等级的，营销战士的营销技能也是分等级的，我一定要全力以赴从新手级五等兵、四等兵，尽快跻身能够独立开发客户的三等兵，我更要成为优秀的二等兵、一等兵，要成为营销技能的标杆，做最优秀的业绩，收获最丰厚的收入！

【经典传承】

有个渔人有着一流的捕鱼技术，被人们尊称为“渔王”。然而，“渔王”年老的时候非常苦恼，因为他的三个儿子的渔技都很平庸。

于是他经常向人诉说心中的苦恼：“我真不明白，我捕鱼的技术这么好，我的儿子们为什么这么差？我从他们懂事起就传授捕鱼技术给他们，从最基本的东西教起，告诉他们怎样织网最容易捕捉到鱼，怎样划船最不会惊动鱼，怎样下网最容易请鱼入瓮。他们长大了，我又教他们怎样识潮汐、辨鱼汛……凡是我长年辛辛苦苦总结出来的经验，我都毫无保留地传授给了他们，可他们的捕鱼技术竟然赶不上技术比我差的渔民的儿子！”

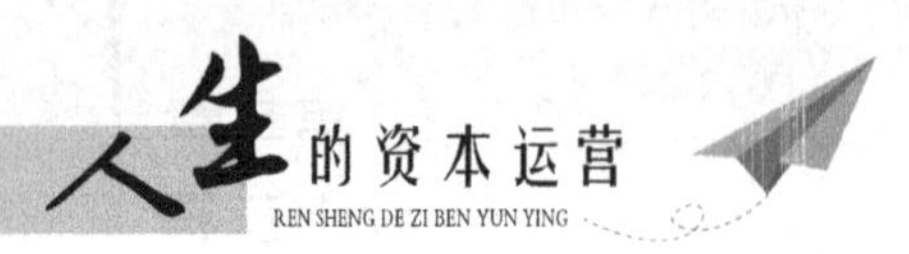

一位路人听了他的诉说后，问："你一直手把手地教他们吗？"

"是的，为了让他们学到一流的捕鱼技术，我教得很仔细很耐心。"

"他们一直跟随着你吗？"

"是的，为了让他们少走弯路，我一直让他们跟着我学。"

路人说："这样说来，你的错误就很明显了。你只传授给了他们技术，却没传授给他们教训。"

营销心态修出来

对于一个销售人员来讲，决定营销成败的因素99%是心态，1%是技巧。营销人员拥有良好的心态显得尤为重要。一般情况下，营销人员需要具备六大心态：

空杯的心态

谦虚空杯的心态是成长的关键。作为一名优秀的营销人员，我必须时刻空杯请教，像海绵一样汲取对自己有利的知识。不仅要向优秀的同仁、领导学习，还要向客户学习，从他们身上学到的知识和为人处世的道理都会有利于我营销工作的开展，提升我的效率。

自律的心态

作为一名优秀的营销人员，我要对自己严格要求，强化自律，领导安排的事情要保质保量按时完成，不仅如此还要争取做到超质超量提前完成。只有严格的自律才会产生积极的气场，才会更有成效。

投资的心态

作为一名优秀的营销人员，我需要有投资的心态，对自己的工作要投入尽可能多的精力，对自己的客户要投入时间维护，在特别的时刻也可以投入适当的金钱以求达到最佳的服务效果。

积极的心态

作为一名优秀的营销人员，我必须时刻保持积极乐观、永不言弃的态度。任何事情的发生都有其必然性并且有利于我，从日常的工作中我要不断训练自己多角度思考问题，提高看待事物的能力，让自己处于积极兴奋状态，坚定地向前冲锋，决不退缩，因为只有这种状态才能感染客户，才能实现成交。

专业的心态

作为一名优秀的营销人员，我必须不断地提高自己的专业水准，至少做到内行跟前不外行、外行跟前是内行的水平。要用专业的水准赢得客户的信赖。

老板的心态

作为一名优秀的营销人员，我需要深刻地认识到只有内发于心的动力才最有影响力，只有明确为谁而战才能最大限度激发自己的潜能。我知道我所做的一切都是为了自己的梦想，我是自己的老板，我要用老板的心态要求自己，绝不容许自己存在消极怠工、消极抱怨的行为，积极为自己的梦想打拼，不仅做好 8 小时，更重要的是和别人拼 8 小时以外的付出收获。

【经典传承】

有个老木匠准备退休，他告诉老板，说要离开建筑行业，回家与妻子儿女享受天伦之乐。老板舍不得他的好工人走，问他是否能帮忙再建一座房子，老木匠说可以。但是大家后来都看得出来，他的心已不在工作上，他用的是软料，出的是粗活。房子建好的时候，老板把大门的钥匙递给他。“这是你的房子，”老板说，“我送给你的礼物。”

老木匠震惊得目瞪口呆，羞愧得无地自容。如果他早知道是在给自己建房子，他怎么会这样呢？现在他得住在一幢粗制滥造的房子里！

我们又何尝不是这样。我们漫不经心地“建造自己的生活，不是积极行动，而是消极应付，

凡事不肯精益求精，在关键时刻不能尽最大努力。等我们惊觉自己的处境，早已深困在自己建造的“房子”里了。把你当成那个木匠吧，想想你的房子，每天你敲进去一颗钉，加上去一块板，或者竖起一面墙，用你的智慧好好建造吧！你的生活是你一生唯一的创造，不能抹平重建，即使只有一天可活，那一天也要活得优美、高贵，墙上的铭牌上写着：“生活是自己创造的！”

营销成果想出来

营销团队要有野心，我是营销团队的一分子，是战斗的英雄，我绝不能把自己当成后勤文员看待，我绝不稀罕那种没有压力只拿稳定低薪的岗位。

在我的眼前，业绩目标已经非常清晰，不仅有优秀伙伴做出的标杆，更有领导基于经验提出的高期望，那才是我该奋斗的方向！

我知道我有无限的潜能，今天的业绩水平不及我未来的十分之一，我所要做的就是坚定地相信自己可以不断攀登，坚定地相信自己一定能够登顶成功。我要有野心，我要有大梦想，我要成为公司顶尖的营销高手。

营销成果是想出来的，我是一个敢想敢干的人，我笃定地相信意念的力量。只要我认定的目标，我就每天想象，每天默念，每天强化，我要用强烈的意念影响我的行动，影响我的语言，影响我的状态，直至影响我的客户，让我的客户感受到我内心的坚定，感受到我内心的真诚，让成交客户成为一种习惯，频次越来越高。

我不允许自己对目标有丝毫的怀疑，因为丝毫怀疑的情绪都会影响到营销的气场。我相信宇宙的奥秘，那种不自信的气场一定能够被客户感知到，最终荒废了我所有的努力。我定下目标就要坚定地完成，工作量、工作技能、工作状态等一切都要为了完成既定的目标服务，我耻于做常立志的小人物，我要做立大志，实现宏愿的大战神。

我怕什么呢？我无所畏惧，因为当我冲向目标的时候，将势不可挡，一切积极的力量都向我聚拢而来。当我喊出目标的时候，我的内心就已经十万分地强大，当我喊出目标的时候别人羡慕的、怀疑的、惊讶的眼神都投向我的心灵变成巨大能量，当我喊出目标的时候就看到好多人为我竖起大拇指，就看到领导坚定地相信我并愿意全力帮助我的眼神，有了这些我无所畏惧，我当然无所畏惧，我就是要做有野心有超强行动力的人。

我有野心，我敢于不断地向更高目标冲刺，不是随随便便说说而已的，因为营销领域已经有太多的案例印证了一个事实：心有多大，舞台就有多大，心有多野，就能做出多高的业绩！很多前辈已经用成长几倍、几十倍的事实印证了我的自信。我狂热地相信我的目标定能达成。

营销成果是想出来的，想都不敢想还能做什么，历史上一切传奇之所以伟大就是因为他们是完成当时大家都认为不可思议的目标。一个不敢想的人是没有出息的，一个不敢想的团队是没有希望的，一个不敢想的领导是铁定不合格的！

【经典传承】

一位主管为了帮助一位长期保持稳定，但一直不愿晋升且无法突破的同事煞费苦心，却无法改变他。有一天，主管换了一种方式，问他的那位同事说："倘若你的独生子小学毕业时愿意继续留在原小学，而不愿升初中，理由是：如果这样的话，他就可以一直保持名列前茅的优势，而免除不及格和落后他人的顾虑。身为人父的你，会同意吗？"

他不假思索地答道："当然不行，怎么可以为怕不及格和成绩单不好看而留级呢？"

"上学的目的并不在成绩单，而在不断地学习与成长，考试与竞争的压力正是帮助学习与成长的最好方法。我绝对不会同意小孩留级，这样会害了小孩一辈子的。"

主管在旁边不断地点头微笑，最后话题一转，提醒他说："身教重于言传，你自己应该是勇于接受挑战、突破竞争的时候了，别再担心无法达成目标及在与同行竞争中落后。如此因噎废食将使自己如同不愿升学的小孩，无形中遭到莫大的损失。"这位同人在猛然顿悟之后果然接受忠告，以最快速度晋升高职级，如同脱胎换骨一样。

每个人都会担心，怕定高目标后难以达到，怕晋升高职后比赛会输给人，但是唯有接受挑战与压力才能不断地突破与成长。

勇谋大事而失败，强如不谋一事而成功。

营销成果算出来

优秀的营销成果离不开大梦想，离不开坚定的信心，可是只有大梦想和坚定的信心并不能确保营销成果的实现，要有优秀的营销成果还需要有量化的管理，我坚定地相信营销成果还是要算出来。

作为一名优秀的营销人员我绝不能轻视量化管理的威力，绝不能忽视池塘的重要性。如果我想多钓鱼，一定要选择鱼多鱼饿的池塘，如果我想钓大鱼就一定要选择有大鱼的鱼塘，如果我既想钓大鱼又想多钓大鱼就必须选择既要鱼多又要大鱼多的鱼塘，否则我将无法实现自己的目标。

如果我知道以下的概率，即 1000 个人中能够有 100 个意向客户，100 个意向客户中有 20 个可能成交，20 个中只有 10 个当月可能成交，那我本月想成交 20 个客户的话就一定要有 2000 个人供筛选。

如果明确了 2000 个人的工作任务，那就要细分到我在月初就要有这 2000 人，绝不是贯穿整月去累积，那样接收到宣传的客户就不满 2000 人，有可能只有 1000 人，最终势必无法完成成交 20 个的目标。

定下了月初要有 2000 人，则就要计算出月初之前积累人数的时间和每天的任务量，如果提前 10 天积累，则需要每天至少 200 人，否则无法完成。

营销的成果就是这样算出来的，没有提前 10 天的积累，没有每天 200 个的积累，就没有月初 2000 人的达成；没有月初 2000 人的达成，就没有对 2000 人次的成熟完整宣传；没有 2000 人次的成熟完整宣传，就不会出现 200 个意向客户；没有 200 个意向客户，就不会有 40 个可能成交的客户；没有 40 个可能成交的客户，就不会有当月 20 个成交的客户。

实际工作中既定的2000人的任务还要有更明确的标准，否则随意的2000人也会让最终的成果大打折扣。

我作为一名优秀的营销人员，量化管理一定要严格遵守，达到自我管理，自我强化的水平，绝不可以因为领导的严厉处罚而随意地蒙混过关，我是在为自己的收入和梦想打拼，是在为自己做事情，不容许自己欺骗自己，否则必将在激烈的竞争中处于劣势，否则自己的梦想将成为一场空。

如果我是一名营销管理者，我更要重视量化管理的工作，绝不能让工作流于形式，更不能辜负了员工对我的信赖。严师出高徒，帮助员工成长成功是我不可推卸的责任！

【经典传承】

如果您发现地上有五张钞票，在没有任何顾虑的情况下，您会捡几张？相信绝大多数的人都会捡五张。但是工作的报酬上我们却常常只拿一张、两张，很少有人照单全收，这岂不可惜？一般人只重视工作待遇，往往在斤斤计较于薪水时忽略了其他应得的报酬，比如说：

认识朋友，改善人际关系。

充实自我，开拓生活领域。

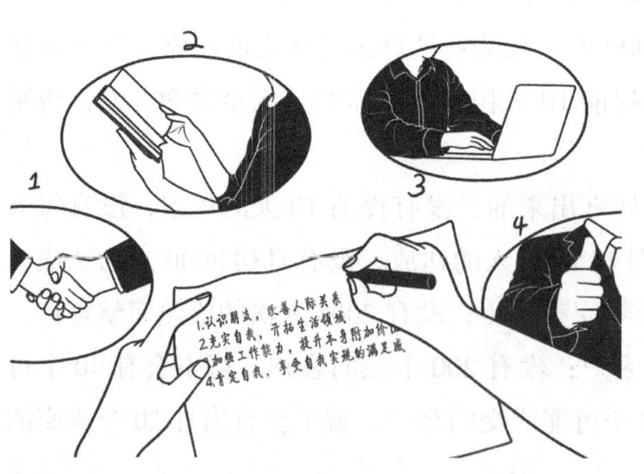

加强工作能力，提升本身附加价值。

肯定自我，享受自我实现的满足感。

而这些无形的报酬的价值与重要性，却往往远高于有形的收入。因此我们是否应该重新认识一下我们的工作报酬？

对于从事业务工作的同人而言，我们可以说是得天独厚。在各项报酬上，无论是有形的收入还是无形的收获，均可享受最丰硕的成果。难怪有越来越多的人在鼓励子女接受业务工作的挑战，认为是出人头地的捷径。

未来十年内主管将有百分之八十是由现在的业务员担任，你相信吗？

请仔细计算你工作的报酬！

营销成果终究做出来

只有车轮转起来，我们才能到目的地；只有行动起来，既定的目标才能实现。一个人、一个组织要实现目标最重要的还是执行力，营销成果终究还要做出来。

作为一名优秀的营销人员，我要有超强的行动力，高标准地要求自己落实量化管理的各项目标，让自己的每一分钟都不留遗憾。

作为一名优秀的营销人员，我应该把自己当成军队的战士一样要求，平时多流汗，战时少流血，我要把辛勤的汗水在平时挥洒，决不能在总结的时候化为悔恨的泪。

作为一名优秀的营销人员，我要紧盯自己的目标，确保自己在各项工作细节上能够达标，做到万无一失。

作为一名优秀的营销人员，我要用实际行动去践行自己的诺言，在我的词典里没有时间的概念，没有辛苦的概念，只有我的梦想，只有我要拿下的目标，为了实现目标我会调动我全身一切积极的能量，全力以赴，不辞辛劳。

让茫茫的苍天见证，我将全力以赴地奔向我的梦想；让巍峨的大山见证，我将一个个实现我人生的目标；让滔滔的江水见证，我将成为营销界一个传奇的人物；让我身边所有的伙伴见证，我将是一个遵守诺言的人；让我的父母见证，我将成为值得他们骄傲的儿女！

这个世界上除了平庸没有任何一条路是平坦的，营销之路也必将充满挑战，充满坎坷，然而我知道我早已做好了准备，我自出生的那一刻起就带着使命而来，我成长的过程中时刻都在修炼自己的体魄和毅力，我是为了梦想而生的精灵，我势必在生命的长途中创造奇迹，任何困难都阻挡不了我前行的脚步，任何压力都无法撼动我的胆魄，任何消极的能量遇到我都会烟消云散。我是能够创造奇迹的巨人，我的内心驻扎着营销之神。

营销成果终究要做出来，我不会再有任何犹豫，无数营销的先驱已经证实了，只有行动是治疗创伤的神药，只有前进可以打开新的局面；美好的未来就在前方，等着我走出此时的沼泽，我不能有任何退缩，因为退缩的背后已经泥泞不堪，没有希望！我此刻只有坚定地前行！

执行力是我成功的最大法宝，一旦拥有了执行力，我就拿到了智慧之神给予我的神剑，在通往成功的路上，我可以披荆斩棘，无往不利。一旦拥有了执行力，我就拥有了超越常人的能量，我就能勇往直前，我的脚步会比任何人都快，我的效率会比任何人都高，我知道成功的大门已经敞开了。敞开的大门在等着迎接我，迎接我这个突破了千难万险、突破了心灵恐惧的战斗英雄！

【经典传承】

传说有一种小鸟，叫寒号鸟。这种鸟与众鸟不同，它长着四只脚、两只光秃秃的肉翅膀，不会像一般的鸟那样飞行。

夏天的时候，寒号鸟全身长满了绚丽的羽毛，样子十分美丽。寒号鸟骄傲得不得了，觉得自己是天底下最漂亮的鸟了，连凤凰也不能同自己相比。于是它整天摇晃着羽毛，到处走来走去，还扬扬得意地唱着：“凤凰不如我！凤凰不如我！”

夏天过去了，秋天到来，鸟们都各自忙开了，它们有的开始结伴飞到南边，准备在那里度过温暖的冬天；有的留下来，整天辛勤忙碌，积聚食物啦，修理窝巢啦，做好过冬的准备工作。只有寒号鸟，既没有飞到南方去的本领，又不愿辛勤劳动，仍然是整日东游西荡的，还在一个劲地到处炫耀自己身上漂亮的羽毛。

冬天终于来了，天气寒冷极了，鸟们都归到自己温暖的窝巢里。这时的寒号鸟，身上漂亮的羽毛都脱落光了。夜间，它躲在石缝里，冻得浑身直哆嗦，它不停地叫着："好冷啊，好冷啊，等到天亮了就造个窝啊！"等到天亮后，太阳出来了，温暖的阳光一照，寒号鸟又忘记了夜晚的寒冷，于是它又不停地唱着："得过且过！得过且过！太阳下面暖和！太阳下面暖和！"

寒号鸟就这样一天天地混着，过一天是一天，一直没能给自己造个窝。最后，它没能混过寒冷的冬天，终于冻死在岩石缝里了。

我还有优秀的团队

我可能也有累的时候，我可能也有智慧不够的时候，我可能也有经验不足的时候，我可能也有迷茫的时候，不过还好，我还有优秀的团队，我身处这样优秀的团队中，有这么多好的领导，有这么多好的伙伴，我感到无比荣幸。团队的成员能够给我积极的鼓励、积极的能量，他们能帮我减压，能给我智慧，能弥补我经验的不足，能让我重新看清道路，看到希望，因此我的梦想永不灭，我为了梦想勇往直前！

多少次当我心灰意冷的时候，是主管轻轻拍拍我的肩膀给了我继续前行的勇气；多少次当我没有方向的时候，是伙伴们疯狂出业绩的热情，让我又看到了希望；多少次当我感到无力坚持的时候，是一场场培训重新引爆了我内心的渴望；多少次这个团队让我感受到家庭亲情的温暖，多少次这个团队让我感受到学习成长的渴望，多少次这个团队让我找到内心的坚定，让我灵魂的人格坚强屹立！

跟对人、做对事、找到积极的团队对人生的成功非常重要。我此刻已经在这样的团队当中，是多么幸运。这里有优秀的领导，这里有灿烂的微笑，这里有真诚的伙伴，这里有敞开的心扉，这里有积极的氛围，这里有无穷的正能量，这里像家，这里像学校，这里像军队，这里有助我攀登高峰的阶梯。我幸运地遇到了一个优秀的团队，我幸运地遇到了一群能够接纳我、鼓励我、帮助我、关心我的天使，我一定要好好珍惜，一定要好好地融入，一定要全力以赴地做好每一件事，和他们一起成长，和他们一起分担团队成员的烦恼，和他们一起分享团队成员的喜悦，我将用最真挚的爱对待我的团队，对待我团队的伙伴！

亲爱的伙伴们，感谢这一路有你们。亲爱的伙伴们，你们是我可爱的天使，是我人生走向成功的贵人，你们给予我的任何关怀、帮助我都铭记于心，感恩你们为我所做的一切，感恩你们的真诚接纳与帮助，感恩你们让我更好地了解了这个社会，感恩你们让我感受到人世间的温暖，感恩你们在我能量变弱的时候让我重新变得坚强，和你们在一起工作真是我人生的幸运，我将倍加珍惜。我要一直和你们并肩战斗下去。有你们，我坚定地相信我的美梦一定成真！

【经典传承】

科学家把一盘点燃的蚊香放进一个蚁巢。开始，巢中的蚂蚁惊恐万状，约20秒钟后，许多蚂蚁见难而上，纷纷向火中冲去，并喷射出蚁酸。可一只蚂蚁喷射的蚁酸量毕竟有限。因此，一些“勇士”葬身火海。但它们前仆后继，不到一分钟，终于将火扑灭。存活者立即将“战友”的尸体移送到附近的一块“墓地”，盖上一层薄土，以示安葬。

一个月后，这位科学家又把一支点燃的蜡烛放到原来的那个蚁巢进行观察。尽管这次“火灾”更大，但蚂蚁这次却有了经验，调兵遣将迅速，协同作战有条不紊。不到一分钟，烛火即被扑灭，而蚂蚁无一遇难。科学家认为蚂蚁创造了灭火的奇迹。蚂蚁面临灭顶之灾的非凡表现，尤其令人震惊。

在野火烧起的时候，为了逃生，众多蚂蚁迅速聚拢，抱成一团，然后像滚雪球一样飞速滚动，逃离火海。那噼里啪啦的烧焦声，是最外层的蚂蚁用自己的躯体开拓求生之路时的呐喊，是奋不顾身、无怨无悔的呐喊。

在洪水肆虐的时候，聚集堤坝上的人们凝望着凶猛的波涛。突然有人惊呼：“看，那是什么？”一个好像人头的黑点顺着波浪漂过来，大家正准备再靠近些时营救。“那是蚁球。”一位老者说，“蚂蚁这东西，很有灵性。有一年发大水，我也见过一个蚁球，有篮球那么大。洪水到来时，蚂蚁迅速抱成团，随波漂流。蚁球外层的蚂蚁，有些会被波浪打入水中。但只要蚁球能上岸，或能碰到一个大的漂流物，蚂蚁就得救了。”不长时间，蚁球靠岸了。蚁群像靠岸登陆艇上的战士，一层一层地打开，迅速而井然地一排排冲上堤岸。岸边的水中留下了一团不小的蚁球。那是蚁球里层的英勇牺牲者。它们再也爬不上岸了，但它们的尸体仍然紧紧地抱在一起，那么平静，那么悲壮。

本章小结

营销不仅是让别人接受自己想要推销的东西，还要得到自己想要的东西。营销是“付出”变成“得到”的手段，这是人一生需要修炼的核心技能之一。

社会上很多人把营销仅仅看成推销，这是对营销工作非常浅薄的认知。其实推销本身也是一门大学问，营销所涵盖的内容更加广阔和深奥。推销只是营销工作中的一个手段或者一个环节而已，营销是一个值得人们用心专研的学术领域。

营销工作不仅仅是推销工作，更重要的是对自身产品和价值的挖掘和推广。针对所要推广的产品或理念，营销工作需要做到让人知道，需要展示出价值，需要让人信任，需要让人接受，需要让人传播。营销做的是打造知名度和美誉度的工作，做的是客户的接受度和忠诚度的工作。这份工作是极其有内涵的。

谨以此章献给热爱营销工作或正在从事营销工作的精英人士，希望能够对大家有所助益，希望大家能够走好人生的每一步，实现梦想，畅享人生！

第四章

爱上管理

序 言

如果你梦想成为一名优秀的管理者，当你看到本章内容的时候，你已经打开了一扇幸运的天窗，本章将会向你展示管理工作是多么有趣、多么神奇。如果你已经是一名管理者，当你打开本章内容的时候，你就踏上了走向卓越的快车道，它将会解答你管理工作中遇到的众多问题，启迪你的智慧，激发你的潜能。

我们都曾经历过“一石激起千层浪”的场景，都明白波心的能量持续，波浪就会不断，波心的能量不断增大而激起的浪花足以摧垮堤岸！管理工作就是这样一个“一石激起千层浪”的过程，并且因为有人性的因素，过程会更为复杂，更为有趣。人心的波浪一旦被掀起，就会形成巨大的行为海啸，这种海啸足以排山倒海，摧毁或重塑一切！

我们多少知道有关生产流程和产品合格标准的知识，我们都听说或亲见过机械化的生产流水线。管理工作就是要把工作的人们训练到位，让大家如同机械化的生产流水线一样在本职的岗位上尽职尽责，按照生产流程和产品合格标准的指导出色地完成所承担的任务。

人性的因素往往会让初始的能量遇到抵消，持久见不到预期的效果；亦或会让初始的能量得到百倍千倍的放大，收到始料未及的成效，当然有时也会出现过度放大以致失控的局面。管理工作就是要通过系统的方法对人性进行正确的引导和适度的规范，让工作的人们形成协调的共识，组成高效的团队，出色地完成组织的使命。

管理是一份塑造“巨人”的工作。是一个由一“人”到一“众”，由一“众”到众“众”，众志成城的过程。众人如一人，即是管理追求的最高境界。

管理是一份传经布道的工作。只有改变了人的思维习惯，才会引起其行为的彻底改变，才会达到管理的效果；而改变人的思维习惯和行为习惯是一个漫长的过程，需要管理者具备足够的知识、影响力和超强的耐心，这简直就是传经布道，是一件充满乐趣的事情。

管理是一份吸引、培育和选拔人才的工作。优秀的组织需要优秀的人才组成，只有优秀的人才才能成就优秀的组织。管理过程是对人才进行甄选的过程，只有在知识、理念和技能上符合组织发展需求的人才才能让组织越来越优秀，最终实现组织的伟大使命。

管理是哲学思考的实践和深层挖掘。管理工作中我们需要不断地学习提升，更多是对管理思维的实践和领会。在管理实践的过程中我们需要对人性有更深入、更准确的挖掘和把握，在管理实践中我们更多的体会是自我的修行，管理工作会让我们更深入地领会“上善若水，厚德载物”的哲学智慧！

管理全息

股东会是组织的缔造者，董事会是组织的大脑，高管层是组织的心脏，组织的思想是动脉血，组织的机制是神经元，组织的收获是静脉血，组织的管理岗位是脏腑，组织的基层岗位是手足。组织欲有序、健康、长久发展，需缔造者的开创，需大脑的指挥，需心脏的能量，需血液的养分，需疏通经络，需有所收获，需脏腑取精华去糟粕，需手足去创造，组织就是一个大“巨人”。

如果把组织比喻成一个巨人，组织管理者就应该有类似人体的全息思考，就应该做到以下几点：

1. 要让巨人有正确的思维系统，确保巨人能够始终走在正确的道路上。

2. 要让巨人“饮食”安全，减少危及生命的“饮食”摄入，确保巨人身体健康协调，能够吸收营养排除毒素，能够有效行动。

3. 要通过“锻炼”让巨人保持活跃的新陈代谢能力，保持脏器的强健功能和脉络的畅通，保持身体的年轻化，增强抵抗力。

4. 终极目标要让巨人茁壮成长，健康长寿，成为组织成员长久的依靠和社会的优秀标杆。

作为组织的管理者，我需要认清自己在组织中的位置，了解自己的职责范围和自己所应发挥的功能作用，只有这样我才能有效地融入组织，才能有效地开展工作。作为管理者，我要做“巨人”健康的“脏腑”，做好“承上启下”“去伪存真”“去粗取精”“取精华去糟粕”的工作。

作为组织管理者，我的思维和行为的出发点一定要站在个人与企业共赢的层面，一定要站在感恩惜福、维护组织利益的层面，一定要站在用发展进步的眼光看待组织成长的层面，一定要站在强化团队凝聚、提升团队战斗力的层面。

作为组织管理者，我要让组织的目标成为组织成员的目标，这是管理者目标转化的重要职责，也是考验管理者水平的核心所在。解决组织成员为谁而战的问题是团队萌发动力的根本性工作。

作为组织管理者，我要在优化团队的结构和工作流程，强化团队心态和技能，强调执行力与成果方面做好扎实的工作。只有不断优化团队成员和工作流程才会有组织发展的未来，只有心态和技能过硬的团队才能有高效的基础，只有强化执行力成果导向才能实现组织目标。

【经典传承】

扁鹊是与华佗齐名的天下神医，他真正的神奇并不只在于神奇的医术，而是他对自己永远保持清醒的评价。

有一次魏文王召见他，问他："我听说你家的三个弟兄都学医，那么谁的医术最高啊？"

扁鹊脱口而出："我大哥的医术最高，我二哥其次，我最差。"

魏文王就很惊讶，问："那你为什么名动天下，他们两人一点名气没有？"

扁鹊说："我大哥的医术之高，他一个人可以做到防患于未然。这个人病未起之时，他一望气色便知，然后用药把你调理好了，所以天下人都以为他不会治病，他一点名气都没有。我二哥的能耐是能治病初起之时。在一个人酿成大病之前，咳嗽感冒的时候，他用药将他治好了。所以我二哥的名气仅止于乡里，被认为是治小病的医生。我呢？就因为医术最差，所以一定要等到这个人病入膏肓、奄奄一息，然后下虎狼之药、起死回生。好了，全世界以为我是神医。"

管好自己

管理者对组织的管理首先从管理自己开始。作为组织的管理者，如果我没有良好的职业素养和丰富的知识经验，如果我没有明确的发展方向和坚定的信念，如果我没有明确的行为标准或者自己都做不到的话，我就很难给下属提供有力的指导帮助，很难为下属做出优秀的表率，我就没有办法让下属信服。要做好管理工作首先要从管理和提升自我开始。

管理者对自己的管理要从管理自己的思维做起。我的思维方式曾是我以往成功的基础，一直是我的骄傲，不过我不能从此故步自封，停滞不前。随着时间的推移，思维方式需要与时俱进，旧的思维方式如果不加改变往往会成为新阶段发展的桎梏。我要保持空杯的心态去应对事物的发展变化，经常接受新观念对我的洗礼，让我始终站在思维的前沿！

管理者的德才和格局，是组织的凝聚之核。作为管理者，我要深刻理解组织的使命，对自己的上首领导充分信任，坚定追随，对组织充分信任，绝对忠诚，绝不妄议是非。这样才能激发我的下属对组织和我的信任和追随；作为管理者，我一定要掌握优秀的技能，让自己始终处在“专家”的水平，只有这样我才能给予下属有力的支持，从专业上赢得他们的信服；作为管理者，我要有足够大的心胸格局，要能够站在组织更高层领导的高度看待问题，要有更大的心胸去包容和培育我的下属。只有这样，我才能将自己和组织融为一体，才能形成强大的吸引力；只有这样我才能将我的下属和组织融为一体，才能形成组织的战斗力！

管理者的行为是最真实的组织发展导向。身教胜于言教，己所不欲勿施予人！要做一个优秀的管理者，就要做一个优秀的带头人，我要充分地推崇和严格地遵守组织的纪律，强化自律，重视执行，强调过程，做出成果。让我的下属从我的身上看到组织的希望，看到优秀的标准，看到成长的喜悦，看到收获的幸福。

管理者有坚定的信念才有带动力。人拥有坚定的信念，才会焕发出无穷动力；只有焕发出无穷动力，才能激发出无限潜能，只有激发出无限潜能，才能有超强的行动力；只有超强的行动力，才会开创令人折服的奇迹。作为管理者，我要有坚定的信念。管理者坚定的信念可以给下属信心与希望，管理者超强的行动力是对下属最好的带动，管理者所开创的一个个奇迹是对下属最有力的激发！

管理者必须认识到“我是一切问题的根源”。当任何问题出现的时候，作为管理者，我要把自我反省永远放在第一位。怨天尤人从来于事无补，只有自我反省才能有所进步，只有我认识到自身的不足并决心提升，才能赢得下属的理解和支持，才能唤起团队共同的愿力。

【经典传承】

一天早晨，一位父亲正在准备明天的讲道词，太太出去买东西了，小儿子哭着嚷着要去游玩。为了转移儿子的注意力，父亲将一幅彩色缤

纷的世界地图，撕成许多小碎片，对儿子说：“你如果能把这张世界地图拼起来，我就带你去游玩。”

父亲以为这件事会使儿子花费大半个上午时间，但不到十分钟，儿子便拼好了。每一片碎纸片都整整齐齐地排列在一起，整张世界地图又恢复了原状。

父亲很吃惊，问道：“孩子，你怎么拼得这么快？”

儿子回答：“很简单呀！地图的另一面是一个人的照片，我先把这个人的照片拼到一块，然后把它翻过来。我想，如果这个人拼对了，那么，这张世界地图也该是对的。”

父亲忍不住笑了起来，决定马上带儿子去游玩，因为儿子给了他一个重要的启发：人对了，世界就对了。

自我延伸

如果想要在水面掀起更大的浪花，需要不断地给波心增加外力；如果要掀起人心更大的波浪，需要凝聚更多的人心，让管理者的梦想成为核心团队的梦想。一旦团队核心成员拥有了共同的梦想，则每一位成员都成了能量的提供者，每一个成员都成了团队前行的发动机！这是管理者自我能量的延伸，是管理者的自我复制和“大我”完善，团队核心成员组成的“大我”，比管理者个人更加完美，能量要大十倍百倍。这样一圈一圈地复制下去，这样一圈一圈地倍增下去，能量就会大到无法想象，塑造力就会神奇到不可思议！

成功的团队是优秀自我的延伸，我已经是一名管理者，我要在让自己更加优秀的同时让自己的能量得到延伸，我要和我的团队成员一起共创奇迹！我要怎样做呢？

我要和我的上首领导保持高度的默契。我的领导是我职业生涯的贵人，是我工作的导师，是组织中最关心我成长的人。我要对他充分的信任，在我遇到困难感到迷惑的时候，他能够给我指明方向，能给我注入能量，能帮我重拾信心，我要争取到上首领导对我和我的团队的鼎力支持！

我要和我的下属形成高度的共识。我是团队的领导者，更是团队的一分子，仅仅靠我自己是难以达成组织目标的，只有团队成员拧成一股绳，为了共同的目标奋斗，才会有锐不可当、所向披靡的力量。我要和团队成员充分地沟通，群策群力，共同确定工作的规划，共同确定游戏的规则，把组织的目标分解成团队成员的成长目标、收益目标和荣辱目标，让目标深入人心，让荣誉形成莫大的吸引，让耻辱形成莫大的压力，掀起执行力的风暴，用疯狂的行动去开创奇迹！

我要对团队倾注全身心的爱。团队的成长是团队所有成员的成长，团队的成长是团队所有成员的不离不弃，团队的成长是团队所有成员高度的凝聚和高度的默契。要实现这样的成长需要我全身心付出，我要用心地去爱团队的每一个伙伴，用心地了解他们的个性特点和个性需求，用心地给予他们关怀，用心地帮助每一个人成长。我坚定地相信一个众志成城的团队必定会战无不胜！

为了带动伙伴们改变成长，我将不惜代价。改变需要带动，更需要激发，为了伙伴们的改变成长，我将更加努力地改变和提升自己，我将投入更多时间给他们提供帮助。他们成长了是最值得我骄傲的，为了这份骄傲我将不惜代价，他们有成就了是我最大的慰藉。为了这份慰藉，我可以随时投入战斗，这是必胜的信念，也必是管理工作给我的最大恩施。

【经典传承】

古代有一个国王很爱玩。于是一位术士发明了一种棋奉献给国王，国王玩得爱不释手。术士说：“小人没有别的要求，只请大王在棋盘的第一个格里放一粒米，在第二个格里放二粒米，在第三个格子放四粒米……在以后的每个格子都放进比前一个格多一倍的米，64 个格子放满了，这些米就是我要求的赏赐。”

国王一听，这点米算什么？就一口答应了。

那么，国王该赏给术士多少米呢？

列出的算式是：$1+2^1+2^2+2^3+2^4+2^5+\cdots+2^{63}+2^{64}=118\ 446\ 740\ 737\ 095\ 511\ 615$（粒）

这么多米，可覆盖全球，国王倾全国之力也无法负担。

跳出自我

作为一名管理者，我不要做井底之蛙，我不能满足自己的现状，也不能满足于团队的现状，我只有跳出自我才能成就团队的“大我”，我只有跳出自己的团队，才能看得更远，才能带领自己的团队走向更加美好的未来！

管理者最大的智慧是认知自我的不足以成就“大我”。作为管理者我一定要认识到我既是团队的带头人，同时也容易沦为团队的禁锢者。如果我能够不断提升自我，同时又能够发挥团队成员的优势，我的团队将会更加强大，如果我不能够日有所进，还以强力束缚团队成员的发挥，我就成了团队发展的“锅盖”，我的格局太小就等于给团队发展设定了“上限”。我需要强化自我提升，还要鼓励团队成员积极为团队发展献计献策，让伙伴们都能够得到成长，成就完美的团队！

管理者最大的吸引力是包容和引导。团队成员的个性是多种多样的，团队成员的能力基础也是参差不齐的，作为管理者，我要清晰地认识到这一点并能够包容他们，引导他们；有包容心和领导力才能成为对下属有吸引力的管理者。“水至清则无鱼，人至察则无徒”，我要用足够的耐心给予他们学习成长的机会，逐步引导他们修正自己，融入团队，最终形成共同的价值观，最终我们要一起打造一支卓越的团队！

管理工作最大的神奇是创新突破。作为管理者，我要时刻保持进取心，保持适度的危机感，只有这样我才能更加重视团队的快速成长、创新突破。我相信团队的每个伙伴都是充满智慧的，只要我能够让他们明确自己的目标，给予他们积极的鼓励和正确的引导，他们就能够比现在做得更好，他们就能够在工作中推陈出新，他们就能够让我们的团队在竞争中始终处于领先地位！

跳出自我，我看到自己融入在团队中，是团队和谐的一分子；跳出自我，我看到我的小团队是组织大团队的一员，我看到我们的优秀，也看出我们的不足，我更加清晰了未来的方向；跳出自我，我发现我比以往更谦卑了；跳出自我，我发现我比以往更充满学习力；跳出自我，我发现我能更精准地看待问题；跳出自我，我发现我拥有了更多认可的眼神；跳出自我，我发现我拥有了更多支持的力量；跳出自我，我感觉我站在了更高的山峰上，可以眺望到更美丽的风景，可以感受到更加让人热血沸腾的希望。

作为一名管理者，能够跳出自我才能放大自我的能量，能够跳出自我才能挖掘团队成员的潜力，能够跳出自我才是对团队的用心负责，跳出自我是成就下属成就团队的英明之举！

【经典传承】

唐太宗深知，兼听则明，偏听则暗。明君兼听，昏君偏信。这是大臣魏征跟他讲的。

有一次，太宗虚心地问魏征，明君和昏君怎样才能区分开？魏征郑重地答道：“国君之所以圣明，是因为他能广泛地听取不同的意见；国君之所以昏庸，是因为他偏听偏信。”说完这句话之后，他又举了历史上正反两方面的例子加以论证。他说：“古代尧、舜是圣君，就是因为他们能广开言路，善于听取不同意见，小人就不能蒙蔽他。而像

秦二世、梁武帝、隋炀帝这些昏君，住在深宫之中，隔离朝臣，疏远百姓，听不到百姓的真正声音。直到天下崩溃、百姓背叛了，他们还昏昧不知。采纳臣下的建议，百姓的呼声就能够上达了。”

魏征的这些至理名言深深地铭刻在唐太宗的心里。从此，唐太宗便格外注意虚心纳谏。他不管你是什么人，也不管你提意见的态度如何，只要你的意见是正确的，他都能虚心接受。

唐太宗还有一个优点，就是知错必改。有一次，他得到了一只精美绝伦的鹞鹰。他一时忘记了魏征平时说的“国君不可玩物丧志”的话，就兴味十足地把鹞鹰放在臂上，逗着玩。不料，巧遇老臣魏征。唐太宗一时情急，赶忙把鹞鹰藏在怀里。其实，魏征早已把一切看在眼里，却故作不知，走上前去，特意讲起古代帝王追求逸乐之事，旁敲侧击帝王不可玩物丧志。唐太宗担心时间长了，鹞鹰闷死。但是，魏征说得没完没了，唐太宗自知理亏，不敢打断。结果，鹞鹰还是闷死在怀中。唐太宗知错必改，知人善任，且胸有大志。

干部队伍

干部首先是组织使命的追随者。管理干部只有是组织使命的追随者，才会为组织的使命而奋斗；管理干部只有是组织使命的追随者，才能具备向心力，才能离组织核心最近，才能成为值得组织信任的人；管理干部只有成为组织使命的追随者，才能有效地诠释组织的使命，才能成为组织在一定范围内的代言人。

干部是组织形象的缔造者和维护者。对于普通的组织成员来讲，管理干部就是组织的代表，管理干部的言行就是组织的意志。管理干部做得好，大家就感觉组织好，管理干部素质差大家就感觉组织糟糕。因此管理干部要清晰地认知到自己的言行举止都需要符合组织要求，自己的一言一行都需要率先垂范，成为组织形象的坚定维护者。

干部是组织目标的理解和实现者。干部是组织的支点，在各自的岗位上承担着承上启下、上传下达的职责。管理干部必须成为组织目标的理解者，并最终成为组织目标的实现者。只有干部清晰理解了组织目标，才能够有效地对目标进行分解，形成行动计划，这是不可或缺的重要环节；只有干部最了解组织的目标，因此也只有干部才能够有效地调动组织成员实现组织的目标。

干部是组织行为的执行者和监督者。管理干部也许工作职责不同，但都在充当着领导者、管理者、教练员和实战员的角色。只有管理干部的工作做到位了，才能确保组织计划得到了实际的落实，只有管理干部监督到位了，才能确保组织的工作保质保量地得以完成。

干部队伍最大的特点就是要拥有坚定的信念和不离不弃的精神。干部队伍要经得起折腾才能称为核心团队。组织发展过程中需要干部哪里需要哪里搬，需要干部和组织一起共患难，经历各种各样的坎坷，战胜各种各样的困难。组织需要经历过风浪仍然能够坚守的干部队伍，这样的干部队伍拥有坚定的信念和不离不弃的精神，只有这样的干部队伍才能够保障组织长远的发展。

干部梯队建设是组织长盛不衰的保障。梯队建设有两项指标：一是干部的数量：二是干部的质量。只有质量过硬数量充足的干部储备，组织才能稳健发展，才能实现有效的扩张壮大。干部质量是指干部的道德素养和干部的工作能力，只有德才兼备的干部才是组织的希望。

作为管理者，我要深刻地理解以上对管理干部的认知论述，做一名合格的管理干部，同时又要为组织的发展保质保量地储备好人才，只有用心地做到这些，才能够体会到自己和组织融为一体的感觉，才能得到领导的赏识和下属的信赖，才能够具有非凡的影响力。

【经典传承】

在一次宴会上，唐太宗对王珐说："你善于鉴别人才，尤其善于评论。你不妨从房玄龄等人开始，都一一做些评论，评一下他们的优缺点，同时和他们互相比较一下，你在哪些方面比他们优秀？"

王珐回答说："孜孜不倦地办公，一心为国操劳，凡所知道的事没有不尽心尽力去做，在这方面我比不上房玄龄；常常留心于向皇上直言建议，认为皇上能力德行比不上尧舜很丢面子，这方面我比不上魏征；文武全才，既可以在外带兵打仗做将军，又可以进入朝廷搞管理担任宰相，在这方面，我比不上李靖；向皇上报告国家公务，详细明了，宣布皇上的命令或者转达下属官员的汇报，能坚持做到公平公正，在这方面我不如温彦博；处理繁重的事务，解决难题，办事井井有条，这方面我也比不上戴胄。至于批评贪官污吏，表扬清正廉署，疾恶如仇，好善喜乐，这方面比起其他几位能人来说，我也有一日之长。"唐太宗非常赞同他的话，而大臣们也认为王珐完全道出了他们的心声，都说这些评论是正确的。

从王珐的评论可以看出唐太宗的团队中，每个人各有所长；但更重要的是唐太宗能将这些人依其专长运用到最适当的职位，使其能够发挥自己所长，进而让整个国家繁荣强盛。

授权监督

授权是组织管理中尤为关键和复杂的事情。为了提升组织的效率，领导者需要适度地向下属授权；为了让领导放心和充分信任，被授权的下属要有主动汇报工作的意识。

授权可以让下属有发挥的空间，让下属感受到被信任，并承担起岗位赋予的责任，授权可以避免权力的过度集中和有效简化办事的冗长流程，让下属用好被授予的权力提升组织的工作效率。

授权不等于放权，不等于权力任由下属使用和变通。授出的权力必须有严格的监督：一方面，要建立权力的监督机制，让领导和其他人员可以监督权力的使用过程；另一方面，被授权的下属要有政治敏锐度，有主动汇报工作的意识，确保领导对工作进展的知情权，并在重大事件发生的时候能够得到领导的及时指导和充分支持。

作为管理者，我需要清醒地认识到权力是一把双刃剑，用好了能够帮助我完成组织任务，实现梦想，用不好则会伤害到周边的人，以致带来灾难。

被授权是领导的信任和组织管理的需要，我需要有一颗感恩的心予以回报，在权力使用的过程中绝不辜负组织和领导的信任，要充分地担当，绝不放任自己的欲望和侥幸心理，不做越权或者欺骗的事情，要谨慎行权，对任何可能的风险做到防微杜渐。

我需要管理好自己的情绪，理清权力使用的方法思路，围绕组织使命把自己手中的权力价值发挥到最大化，有效地帮助下属成长，提升团队战斗力，高效地完成工作任务。防范权力受私利所使，因情绪失控而过度使用埋下隐患，防止自己成为令领导失望的人，防止自己因贪权贪利陷入悔恨的泥潭，在组织中成为众矢之的、千夫所指的失败者。

作为管理者，我需要对授权的下属进行有效的监督。这种监督不是不信任下属，更不是收回权力，而是为了下属的健康成长，为了团队的安全，不再亲力亲为，但要做好随时知情和及时替补。实际工作中，因为干部的不成熟和组织管理的不完善，缺乏监督的授权很容易被弃之不用或随意滥用，及时的监督是确保权力有效发挥的重要保障，也是实施走动式管理，促进干部成长必不可少的工作环节。

作为管理者，面对被授权的下属，我需要做灵魂塑造的工程师，还要做技能训练的教练员。行使权力是一门“道德经”，也是一项技术活。我需要在工作的过程中给下属传导正确使用权力的理念，还要教会下属行使权力的方法技巧。管理干部从上到下都能够正确地理解授权与监督，都能够认真负责规范地行使权力，授权才会发挥理想的效果，助益组织发展。

【经典传承】

在井冈山时期，一个战斗的计划与布置，在一般情况下是由各级军事指挥员和党代表开会讨论决定的。

有一次，研究过作战方案后，毛泽东拉着陈毅往外走。陈毅有些莫名其妙，毛泽东解释说：“战斗马上就要打响了。我们走，让他们指挥去！我们在那里很麻烦，弄得指挥员很难下决心，你在那里，他要征求你的同意，不征求你的意见，独断专行，将来要受批评，打了败仗，说他目无党代表；要征求你的意见呢，商量来商量去，就丧失了时机。让他一个人在那里当机立断，或马上进攻，或立即撤退，或迂回，或把预备力量使用上，避免多头指挥。”

毛泽东又说：“实际上，我们也没有实际作战经验，我们只抓作战计划，定下来了，以后就让他们有经验的人去搞。”

毛泽东这种谦逊的作风、敢于授权的用人方法，使陈毅深为折服。

在战争年代，毛泽东给前方将领的电报和指示，许多都写有“请酌

办”“望见复”“望机断行之”“请将你们意见电告”“请按实情决定”；对于林彪在辽沈战役中开始不打锦州而先打长春的错误主张，也反复发电报，一方面进行严肃批评耐心教育，另一方面又要求“如有意见即速电告，否则即照此执行”，甚至说“你们如不同意这些指示，则望你们提出反驳”；淮海战役时，毛泽东曾电示总前委：“情况紧急时机，一切由刘邓临时处置，不要请示。”

他相信和依靠指战员的思想觉悟和创造能力，充分发挥指战员的聪明才智去战胜敌人，敢于授权。事实证明，他是成功的。

高效沟通

管理是打通组织脉络，思想传递、思想统一从而实现高效行动的过程。思想的传递和统一最重要的手段就是沟通。沟通根据需要可以一对一单独进行，也可以小范围进行，也可以大范围开展。想要收到良好的沟通效果，需要遵循以下原则：

高效沟通建立在对员工了解的基础之上。作为管理者，我需要对我的下属有比较深入的接触和了解，关心他们的愿望、需求，给予他们及时有效的支持鼓励，和他们相处加深感情，达成高度的互信和深度的依赖，只有深入了解他们才使沟通工作有的放矢，工作做到点子上。

高效的沟通从赞美开始。作为管理者，我需要认识到员工的自信、自尊很重要，打开员工的心门很重要，感动员工很重要。我和员工的沟通要从赞美开始，我要把日常工作中观察到员工的优秀表现以及他所表现出来的优秀特质提炼出来予以表扬和肯定，让员工感受到我对他的关心和了解，并因为我点评的具体详尽而深受感动，我要让员工的梦想永不灭。

高效的沟通要有领导和员工的自我反省。作为一名管理者，员工的成长和团队的好坏，我都是第一责任人，和员工沟通的时候我需要深入反省自己对员工关心帮助上做得不够的地方。这样既有利于我个人理清思路，也有利于让员工感到真诚，有利于拉近和员工的感情，更加有利于激发员工的自我反省，只有员工主动反省了，我们的沟通才会更有效。

高效的沟通要和员工议定改进的方案并给员工信心。人都是在不断改掉坏习惯养成好习惯的过程中成长的。作为管理者，我一定要针对员工需要提升的地方和员工议定改进的方案。要帮助员工在限定的时间内实现改变，取得突破性的成长。同时我还要给员工足够的信心，让员工认识到自己一定能够战胜困难，战胜自己，实现人生成长的重大突破！

高效的沟通需要互相的承诺。沟通之后，我需要和下属员工达成共识承诺，他需要承诺严格按照计划改变提升，我则承诺给他充分的监督和帮助；一个人要改变才能成长，成长必是改变的结果。而改变又是艰辛的，常常伴有心理和身体的双重不适，要想实现真正的蜕变需要有强烈的企图心。作为管理者，我要谨记拿到员工的承诺才会有后续好的结果，也只有能够承诺和践行承诺的人才是值得我培养的人。

高效沟通离不开后续监督。作为管理者，我一定要有结果导向思维，任何沟通的成效都必须用最终的结果来验证。为了帮助下属员工有实质性的提升，我需要对他们进行有效的监督。只有过程做扎实了，才会有理想的结果呈现，只有他们每天都在进步，每天都在改掉坏习惯，养成好习惯，才会塑造出优秀的职业素养，才会成为招之能战、战即能胜的优秀人才。

【经典传承】

故事一：有一个秀才去买柴，他对卖柴的人说："荷薪者过来！"

卖柴的人听不懂"荷薪者"（担柴的人）三个字，但是听得懂"过来"两个字，于是把柴担到秀才前面。

秀才问他："其价如何？"卖柴的人听不太懂这句话，但是听得懂"价"这个字，于是就告诉秀才价钱。

秀才接着说："外实而内虚，烟多而焰少，请损之（你的柴外表是干的，里头却是湿的，燃烧起来，会浓烟多而火焰小，请减些价钱吧）。"卖柴的人因为听不懂秀才的话，于是担着柴就走了。

故事二：一把坚实的大锁挂在大门上，一根铁杆费了九牛二虎之力，还是无法将它撬开。钥匙来了，它瘦小的身子钻进锁孔，只轻轻一转，大锁就啪的一声打开了。

铁杆奇怪地问："为什么我费了那么大力气也打不开，而你却轻而易举地就把它打开了呢？"

钥匙说："因为我最了解它的心。"

卓越会议

会议是一个神奇的“场”，会议往往通过“一对多”“多对多”“多对一”的方式进行沟通。因为会议聚集了更多人，更大的能量，运作成功能够起到统一思想、众志成城、扭转乾坤、力挽狂澜的神奇效果。

高明的管理者的任何一次会议都不是随随便便召开的，因为细小的问题都在日常工作中得到解决了，开会就是要解决平日里不容易解决的大问题。因此每一次会议都需要事前进行精心的准备，这些准备一般需要从以下几个方面做好考虑：

其一，会议前对要解决的问题搜集整理分析。这样可以将问题分类汇总，也可以将问题按照重要程度进行排序，最终确定不需要提到会议上的小问题私下解决，不紧急且会议解决不了的暂时搁置，必须通过会议解决的紧急重要议题重点攻克。

其二，针对个别可能产生较大分歧亟须会议解决的问题，须进行会议前的分别沟通。通过分别沟通先将一些相关问题解决掉，节约会议时间，减少细枝末节的争论，找到分歧的核心点拿到会议上去讨论解决。会议更重要是一个问题得到解决的场合，在各方意见得到充分发表后，最终管理者需要协调各方达成相互妥协、求同存异的共识，确保形成当前最优的可行性解决方案。

其三，会议流程需要做好规划。既要充分讨论，又要遵守秩序，还要有时间观念。做到以上几点才能让与会人员都有发表意见的机会，才能减少个别长篇大论，才能显示充分的民主和充分的了解尊重，最终留有足够的时间进行总结协调，达成共识及承诺，制订出方案。

其四，参会人员需要做好恰当的安排。参会人员中不可缺少的是两种人，一种是能打开大家心扉的人，一种是有公信力、能保证议题讨论适度严肃性的人。大型的培训会议则需要能够引领大家思维格局的人。人员的安排是会议是否有成效的关键。

作为一名管理者，我需要深刻理解会议的神奇功能，培养工作中使用会议解决问题的敏锐性，让会议成为我工作的利器。

作为一名管理者，我需要深刻领会会议的组织方法，不断地提升会议组织的艺术，让我所组织的每一场会议都能够收到实效。

作为一名管理者，我需要重视会议的后续执行工作，确保会议决议在后期落到实处。唯有如此，才能有良好的效果给与会人员正面的回馈，激发大家通过会议解决问题的热情。

【经典传承】

1935年1月15日至17日，中共中央在遵义召开了政治局扩大会议。会议的主要议题是总结第五次反“围剿”的经验教训。首先，由博古做关于第五次反“围剿”的总结报告，他在报告中极力为“左”倾冒险主义错误辩护。接着，周恩来做了副报告，主要分析了第五次反“围剿”和长征中战略战术及军事指挥上的错误，并做了自我批评，主动承担了责任。毛泽东同志在会上做了重要发言，着重批判了第五次反“围剿”和长征以来博古、李德在军事指挥上的错误，以及博古在总结报告中为第五次反“围剿”失败辩护的错误观点。张闻天、王稼祥、朱德、刘少奇等多数同志在会上发言，支持毛泽东同志的正确意见。会议经过激烈的争论，在统一思想的基础上，委托张闻天起草了《中共中央关于反对敌人五次“围剿”的总结决议》，并由常委审查通过。决议肯定了毛泽东关于红军作战的基本原则，否定了博古关于第五次反“围剿”的总结报告，提出了中国共产党的中心任务是战胜川、滇、黔的敌军，在那里建立新的革命根据地。会议决定改组中央领导机构，增选毛泽东为政治局常委，取消博古、李德的最高军事指挥权，仍由中央军委主要负责人周恩来、朱德指挥军事。会后，常委进行分工：由张闻天代替博古负总责，毛泽东、周恩来负责军事。在行军途中，又成立了由毛泽东、周恩来、王稼祥组成的三人军事指挥小组，负责长征中的军事指挥工作。至此，遵义会议以后的中央组织整顿工作大体完成。

遵义会议结束了王明“左”倾机会主义路线在党中央的统治，确立了以毛泽东为代表的新的中央正确领导，把党的路线转到了马克思列宁主义的轨道上来。遵义会议，在中国革命的危急关头，挽救了党，挽救了红军，挽救了中国革命，是我党历史上一个生死攸关的转折点。遵义会议是中国共产党第一次独立自主地运用马列主义基本原理解决自己的路线、方针和政策的会议。它是中国共产党从幼年走上成熟的标志。从此，中国革命就在以毛泽东为代表的正确路线指引下走上胜利发展的道路。

招用育留

"招用育留"是团队建设的核心工作，是一个优秀团队必定最重视并做得最好的工作，当然也是经营遇到问题的组织工作中最薄弱的环节。只有做好"招用育留"工作才能为组织提供充足的人才，才能激发组织充分的创造活力，才能确保组织强大的凝聚力，才能形成组织卓越的战斗力。

招聘的技巧。招聘是需要技巧的工作，也是管理者需要重视的工作，否则没有下属干部、员工，自己就成了"光杆司令"。招聘的重要技巧就是观念上要把招聘当成营销做，要用营销的思维去包装和宣传组织形象，要用营销的思维精准找到潜在的应聘者群体，要用营销的思维选择适当招聘负责人，要用营销的思维强化招聘的力度，要用营销的思维做好招聘、面试的流程和环境。成功源自于每一个细节，高频率大批量地通过点点滴滴给应聘者传递良好的组织和团队印象，形成对应聘者的吸引感召，则招聘工作即能收到理想的效果。

用人的艺术。管理者要把人用好，一是要给予空间，给予团队成员横向、纵向的发展空间，做到职能匹配，满足物质和精神的双向追求；二是要给予灵魂，给予团队成员精神追求的方向引领，增强团队成员的归属感、目标感、责任感和荣辱意识；三是要给予动态的信任和真挚的关爱，让团队成员在表现优秀的基础上得到越来越多的信任和授权，让团队成员感受到领导的关怀，产生感动，满足团队成员向心、荣耀的需求，激发团队成员拼力回报的意念。

育人的奥秘。育人需要引领心，管理者要以岗位胜任力模型的要求为引领目标开展人才培育工作，教学与实践紧密结合，注重培育的实效性；育人需要耐心，管理者要对团队成员的成长基础有区别心，培育过程需要因材施教，多几分耐心，注重培育的适用性；育人需要爱心，管理者要对团队成员的成长充满期待，带着爱心付出辛勤给予培育，注重培育的施恩性。人才培育的奥秘在于培育不只是提升人才的能力，更重要的是拔高了人才对组织的认知，强化了人才对组织的归属感、黏着度，激发了人才成长的动力和感恩的心。

留人的法宝。留住人才是团队建设的重中之重，管理者想要留住人才，就要让人才的内心在组织中有深埋无法拔掉的根。这根是组织和领导给予的恩情，这根是他们内心执着追求的梦，这根是他们能看得到的希望，这根是他们无止境的突破成长，这根是他们做出的一项项成果，这根是他们一个个的承诺，这根是他们经久的依赖和经过洗礼的心！留人的法宝就是打造职业锚，要团队成员的根在组织的土壤中深植，不止“一份情”剪不断。

【经典传承】

秦昭王雄心勃勃，欲一统天下，在引才纳贤方面显示了非凡的气度。范雎原为一隐士，熟知兵法，颇有远略。秦昭王驱车前往拜访范雎，见到他便屏退左右，跪而请教：“请先生教我。”但范雎支支吾吾，欲言又止。

于是，秦昭王“第二次跪地请教”，且态度上更加恭敬，可范雎仍不语。秦昭王又跪，说：“先生卒不幸教寡人邪？”这第三跪打动了范雎，他道出自己不愿进言的重重顾虑。秦昭王听后，第四次下跪，说道：“先生不要有什么顾虑，更不要对我怀有疑虑，我是真心向您

请教。”范雎还是不放心，就试探道：“大王用计也有失败的时候。”秦昭王对此责并没有发怒，并领悟到范雎可能要进言了，于是，第五次跪下，说：“我愿意听先生说其详。”言辞更加恳切，态度更加恭敬。这一次范雎也觉得时机成熟，便答应辅佐秦昭王，帮他统一六国。

后来，范雎鞠躬尽瘁地辅佐秦昭王成就霸业，而秦昭王五跪范雎的典故，千百年来被人们所称誉，成为引才纳贤的楷模。

枪杆子论

组织是有使命的，是为了实现一定的目标而产生的；组织成员进入组织应该是来实现自己的梦想同时践行组织使命的，因此组织成员必须有践行使命的意愿、能力和执行力。组织是由人组成的，组织的优劣是由人决定的；优秀的组织必定由一批优秀的人组成，这些人必定都是能征善战的人，是质量优良的“枪杆子”。

作为组织的管理者，我们时刻要审视盘点自己队伍中的枪杆子：

看一看自己有几杆枪！我们经常看到很多管理者队伍都不健全，手下无人，总是一个或者两个人在战斗，这种情况下要和强大的对手过招，胜算当然很少。更可怕的是，严重的缺员会造成管理的不力，影响工作推进的力度，难以选拔出优秀的人才！作为管理者，一定要强化队伍建设，把枪杆子充实起来！

看一看有多少要修理的枪！组织成员在能力上和思想上有问题，是需要及时发现，及时提升的。有问题的下属就是需要修理的枪，否则在作战中就会出现打不出子弹，做不出成绩的现象。作为管理者，务必加强与下属的沟通，强化对他们的帮助提升，修理好枪杆子，才能提升战斗力！

看一看有多少要废弃的枪！有些员工已经出现了严重的问题，或者是思想跑偏，或者是能力无法提升，已经想尽一切办法修理也无法改变，这样的“枪”就应该纳入废弃的行列，视为“废枪”。扔了废枪换好枪，才能重新焕发组织的活力，才能提升战斗士气！作为管理者不能虚假仁慈，只有对下属严格要求、严格考核才是真正对他们好，慈不带兵，慈母败儿！

看一看自己有几杆像样的枪！团队当中要培养一些优秀标杆，优秀标杆就是优秀的像样的枪杆子，是最先进的“武器”，拥有这样的枪杆子才能不断打胜仗。一个团队中拥有的“好枪”越多，则这个团队越优秀。这种优秀必定是在高标准要求下产生的，作为管理者要有清醒的认知，这种高标准很大程度上是对自己的高标准，只有一流的领导才能带出一流的团队！

看一看自己有没有比枪更厉害的炮！管理者带团队，重要的就是要带动团队的野心，放大团队成员的梦想。要让手中优秀的枪杆子大幅升级，换成大炮！一个大炮级别的团队成员所能做出的贡献有时会超过几个、几十个甚至上百个一般的“枪杆子”的贡献。

作为管理者必须以组织的使命为重，时刻紧盯目标展开工作，及时地盘点分析和适时地优化团队成员，确保团队枪杆子的数量和质量，确保团队一直保有优秀的战斗力，杜绝滥竽充数的人占用组织的资源。

【经典传承】

春秋时期有个伟大的军事家名叫孙武。有一天，他去见吴王阖闾。吴王问他能不能训练女兵，孙武说：“可以！”于是吴王便拨了一百多名宫女给他。孙武请吴王授予其生杀大权，如有违反纪律者被处死后，吴王不降罪于他。吴王同意了。

孙武把宫女编成两队，用吴王最宠爱的两个妃子为队长，然后把一些军事的基本动作教给她们，并告诫她们要遵守军令，不可违背。不料孙武开始发令时，宫女们觉得好玩，都一个个笑了起来。孙武以为自己话没说清楚，便重复一遍。等第二次再发令，宫女们还是只顾嬉笑，这次孙武生气了，便下令把队长拖去斩首，理由是队长领导无方。

吴王听说要斩他的爱妃，急忙向他求情，但是孙武说：“君王既然已经把她们交给我来训练，我就必须依照军队的规定来管理她们，任何人违犯了军令都该接受处分，这是没有例外的。”结果还是把队长给杀了。宫女们见他说到做到，都吓得脸色发白，第三次发令，没有一个人敢再笑了。

积极氛围

人世间的成功都是正能量积累的结果，团队每一个目标的实现也都需要正能量的支撑。团队的积极氛围是团队保有战斗力的先决条件，没有积极的氛围则没有战斗的激情和信心。如果团队呈现一种正能量严重缺乏、负能量过度的现象，这样的团队是没有杀伤力的。

成功是正能量传递感染他人，是正能量放大的结果。要让团队充满正能量需要清楚认知两个问题：

其一，管理者要成为正能量的源泉。人的能量是分级别的，每一个级别的人大约能够影响 10 个低一级别的人。作为管理者，一定要让自己的正能量保持在相对较高的水平，否则就会被低级别的人影响。只要自己的正能量足够高，就能够一个人带动影响其他几个人，让他们充满信心坚定跟随。管理者要成为团队正能量的源泉，成为团队的主心骨，成为团队的带头人！如果团队出现氛围不理想的问题，管理者首先要反思自己的问题。反思自己的问题首要的就是要反思自己的心态问题、能量问题。只有管理者积极正面，才能给团队成员信心和方向。

其二，先有正能量的思维和心态才有正能量的战绩。有好的战绩确实能够让人欢欣鼓舞，屡战屡胜，所向披靡，更能够让团队的战斗信心爆棚。但作为管理者，一定要有清醒的头脑，任何一个人、任何一个团队的强大首先是心灵的强大，而心灵的强大首先是思维和心态积极正面。当团队氛围低迷、战绩不佳的时候，自己要信心充足，要带头去冲锋，用自己的状态去感染下属，用自己的战绩来激励大家。成功是能量传递的结果，只有足够强大的正能量才能够凝聚和激发团队，只有足够强大的正能量才能够感染和吸引客户，正能量的源泉在于主观上的积极进取，先有主观上的强大，才会有客观上优秀的战绩。

作为一名管理者，我非常核心的工作就是要保持团队积极向上，忠诚向心的工作状态。要做到这一点，我需要从个人做起，积极地向核心层领导靠拢，及时地听取核心层领导的工作指导意见，不断地从核心层领导处获得正面的能量；要做到这一点，我需要深刻认知学习的重要性，通过多读励志性的书籍、多看励志性的影视资料、多听励志导师的教诲来强化自己的内心；要做到这一点，我需要有强烈的责任感，在团队中永远展示自己坚强积极、充满信心和战斗力的一面，让团队成员从我的身上感受到必胜的信念！

作为一名管理者，我要让我的团队成员时刻沐浴在工作、生活的幸福里，彼此之间和谐共处，互帮互助，团队永远保持快乐氛围，我坚定地相信我们的正能量一定能够战无不胜！

【经典传承】

有七个人曾经住在一起，每天分一大桶粥。要命的是，粥每天都不够。

一开始，他们抓阄决定谁来分粥，每天轮一个。于是乎每周下来，他们只有一天是饱的，就是自己分粥的那一天。

后来他们开始推选出一个道德高尚的人出来分粥。强权就会产生腐败，大家开始挖空心思去讨好他、贿赂他，搞得整个小团体乌烟瘴气。

然后大家开始组成三人的分粥委员会及四人的评选委员会，互相攻击扯皮下来，粥吃到嘴里全是凉的。

最后想出来一个方法：轮流分粥，但分粥的人要等其他人都挑完后拿最后剩下的一碗。为了不让自己吃到最少的，每人都尽量分得平均，就算不平均，也只能认了。大家快快乐乐，和和气气，日子越过越好。

奖惩游戏

不要轻视赏罚的功效，不要小觑奖惩的游戏。作为管理者一定要正确理解组织的奖惩制度，更要积极地在工作中设置奖惩游戏。

聪明的管理者通过日常工作中的奖惩游戏约束和引导了团队成员的思维和行为习惯，将团队成员违反纪律的行为制止在萌芽状态，这是对团队成员的最好保护。

聪明的管理者，通过奖惩游戏，将组织的目标任务分解成日常的奖励和惩罚，让员工及时深刻地体会到目标感和荣辱意识。

聪明的管理者通过日常工作的奖惩设置放大了组织目标，强化了团队信心，加大了团队成员冲刺更高目标的意愿和决心，激发了团队凝聚力，形成了团队“没有规矩不成方圆”的文化氛围。

聪明的管理者会有效地利用奖惩游戏活跃团队的战斗氛围，会适时有效地展示奖惩标准强化团队成员的目标感，催眠团队成员完成高目标的意识。

聪明的管理者会通过奖惩游戏的解读让团队充满快乐，会通过解读强化团队成员对组织的感情，让团队成员在良性的竞争状态下，感受到领导的关爱，感受到大集体的温暖，感受到集体的智慧，感受到集体的力量，感受到自己在团队中的成长，感受到自己的幸运。

聪明的管理者会通过奖励和惩罚的落实激发团队成员追求进步的灵魂。每一次游戏结束都会有人获得了奖励，有人接受了惩罚，而奖惩绝不是最终的结果，只是新成长的起点。每一次游戏的结果都会引发团队成员新的思考，而这种总结经验教训的行动让大家找到了向上攀登的台阶。

聪明的管理者从来都是率先垂范的人。作为管理者，一定要积极地参与到奖惩的游戏中去，能够和团队的成员一起玩游戏，这样游戏才能玩得更有意思，才能更好地带动游戏过程中的氛围。对于游戏中的处罚，聪明的管理者一定会比团队其他成员对自己更狠。对自己狠一分，团队成员就会感动十分，这种能量的放大效应超乎想象地巨大！

作为一名管理者，我需要巧妙地设置和认真地落实奖惩游戏，让组织赋予的权力和给予的费用发挥最有效的价值。我会带动团队成员全力以赴地投入工作中去，投入到学习和提升中去，积极地突破更高目标，积极地向更高的荣誉挑战！

作为一名管理者，我要和团队成员一并积极地感受竞争中成长的快乐，让我们的团队更加健康，更加有活力，更加有战斗力，我们都为荣誉而战，都为创造奇迹而生！

【经典传承】

从前，一个马戏团里有一位驯养员。在他所饲养训练的动物当中，以一对小老虎的表演最为逗趣、可爱，演出时场场满座，广受观众的喜爱。

驯养员每天喂小老虎一斤肉，然后再施以训练。它们受到奖励便表现得非常突出，演出动作完全按照驯养员的要求。因此驯养员相当得意，摸摸两只小老虎的头以示赞许，小老虎也咆哮一声，自鸣得意一番。

随着时间的流逝，小老虎长大了，而驯养员却仍然每天只喂它们吃一斤肉。到了第三年，小老虎已经变成大老虎了，这时它们的食量大增，仅吃一斤肉已不能填饱肚子，所以它们常在

表演时对着驯养员吼叫，暗示它们的需要。然而驯养员不以为然，以为它们又在自鸣得意。

一天，在全场爆满的观众的期待之下，驯养员又带着这一对老虎出场献艺。驯养员先喂老虎食了一斤肉，老虎也做了一番精彩的演出，然而接着它们却在全场观众的热烈掌声中，咆哮一声，在众目睽睽之下向驯养员猛扑过去……

放电充电

人体是一个能量体，“0”是人体能量的最低状态，即没有能量。正高能和负高能都是高能量状态，因此能量低的人容易受他人影响，要么受正能量的影响，要么受负能量的影响，正能量能够成就人，负能量能够摧毁人，人只有在正能量充足的情况下才能有所作为。

正能量和负能量在现实生活中能够起到相互抵消的效果，比方一个人通过休息、受到宽慰和鼓励早晨醒来的时候精神百倍，信心满满，正能量充沛。经过一天的工作辛劳，经历各种挫折打击，到晚上的时候就会感觉身心俱疲，没了能量，正能量被一天的负能量消耗殆尽了。为了继续生活和战斗下去必须重新补充能量，吃饭、休息、接触积极暗示等，第二天又变得生龙活虎。人体这种能量的变化过程就像电池“充电放电”过程，需要不断地重复。人的一生就是在这种“充电放电”的过程中度过的，直到身体这个“血肉电池”因老化不得不废弃。

作为管理者，要对人体能量的这种维持过程有深刻的理解，不能奢望一劳永逸。我们自身的能量需要在放电后予以补充，我们的团队成员更需要持续地充电。我们自身要修炼到能够自我充电的水平，然后再充当高正能量体的角色不断给团队成员充电，让他们的正能量被消耗后得到及时有效的补充。我们给团队成员的这种充电行为须持续到团队成员成长到能够自我充电的时候。团队每个成员都成为能够自我激励的超人，不再依赖于他人“充电”，这是一个团队强大成熟的标志！

积极的知识是正能量的来源。作为管理者，我需要具备比团队成员更强的学习力。为了能够带领好团队，我需要学习专业知识，达到能够解决团队成员任何疑问的水平；我需要学习激励的知识，在团队成员能量损耗严重，心灵伤痕累累的时候，我能够通过沟通和演讲帮助他们修复心灵；我需要学习协调统帅的知识，让团队成员之间形成正能量的互相传递系统，互相支撑，达成能量的倍数放大效应。只有我具有了足够高的正能量，才能影响和带动团队的成员，才能获得他们的信服和跟随。

作为管理者，我的任务就是要时刻评估团队的正能量水平，努力让团队正能量的水平越来越高。只有让正能量提升得足够快足够高，被消耗的速度慢慢放缓才能提高团队的正能量水平，这不是一件容易做到的事情，甚至不是靠我一个人的力量能做到的事情。我需要在提升自己的同时有效地整合和借用其他更大的正能量。这些正能量可能来源于我的领导，可能来源于我的朋友，可能来源于我们团队的互动，可能来源于外界更强大的团队。总之，作为一个管理者，我必须想尽一切办法对我的团队成员负责，不间断并逐步强化给他们充电！

【经典传承】

春秋时期，一位有名的智者路过一片稻田。他看到一个农夫赶着两头牛奋力地耕田，就随意地问道：“你的哪头牛干活更好一些？”

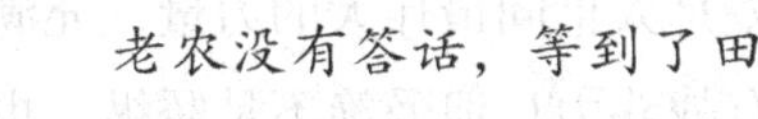

老农没有答话，等到了田边，他给两头牛拴好、喂上料，才来到智者身边，背对着牛小声地对智者说：“就那头正摇尾巴的家伙，干起活来特卖力。”

智者大为不解：“我方才问你，你怎么不说呢？现在又为什么这么小声对我讲？难道怕谁听到吗？”

老农一脸正色道：“不错，就怕旁边的那头牛听到我夸别人而冷落它，你的眼神它能察觉到，尔后这家伙就会闹情绪，不好好干活了。其实牲口和人一样，都愿意被别人夸、被大伙称赞。”

严厉与爱

优秀的组织必定由优秀的人组成，只有优秀的人才才能成就优秀的组织。这种优秀主要从“德”与“能”两方面予以体现。“能”是指团队成员的技能，即处理问题、解决问题的能力；“德”是指团队成员的职业操守，即使命感、凝聚心和行动意愿。

作为管理者，要以组织的使命为重，为了组织的发展培养适应组织需要的优秀人才。对人才的培养需要注意两点：

人才的优秀技能是通过刻苦的学习和严格的训练才能得到的。

人才的优秀操守是通过艰苦的磨炼和持久的考验才能塑造的。

在成长的过程中，大多数人都会有思想不成熟、自以为是、懒惰、恐惧、怀疑的时候，成长是一个漫长的过程。作为管理者，我们重要的职责就是要让团队的人才在最短的时间内改掉旧有的消极思维和坏习惯，养成积极思维、积极行动的好习惯。通过严格的要求提升团队成员的技能和职业操守是对组织的负责，也是对团队成员的负责，更是对自己职业操守的负责。

我们需要做一个充满爱的管理者。爱是人世间最伟大的力量，充满爱的团队最有幸福感，最有凝聚力，最有战斗力！但爱绝不是骄纵，也不是娇宠，带团队就如同养育孩子，骄纵娇宠的孩子多不成器。对孩子最好的爱是让他学会“自己走路”，让他具备生存的能力，让他具备与人为善，可得他人辅助的品德；对团队成员最好的爱是让他们训练出一流的工作技能，在社会的竞争中具有绝对的优势，是让他们历练出能够赢得领导信任托付重任、能够赢得他人支持，坚定跟随的良好操守。

作为管理者，我需要明白“严师出高徒，慈母多败儿”的道理。我爱我的伙伴，我就要严格地训练和考核他们，我对他们负责就要逼他们成长，逼他们努力地训练技能、修炼心智、放大格局，做出优秀的成绩。一个管理者对下属严格要求是最真挚的关爱。

作为管理者要么通过奖惩手段配合严格的监督检查来确保团队成员在成长中的执行力，要么通过领导魅力、职业教育配合严格的监督检查来激发团队成员的执行力。不管采取哪种方式都要对团队成员有高标准高要求，否则团队就会被建成“豆腐渣工程”。

我们倡导“三多三少”，即多表扬、多鼓励、多赞美，少批评、少抱怨、少指责。但作为管理者，我们在严格要求的过程中难免是对员工的批评。此时我们要谨记一条原则，即不能以权压人，要以德服人。个人在团队中有威信，则团队成员容易信服，个人对团队成员有恩情，则团队成员容易追随。有信有恩的人，对团队要求越严格团队成员感受到的爱越多!

【经典传承】

一个乞丐来到一个庭院向女主人乞讨。这个乞丐很可怜，他的右手连同整条手臂都断掉了，空空的袖子逛荡着，让人看了很难过，碰到谁都会慷慨施舍的。可是女主人毫不客气地指着门前一堆砖对乞丐说：“你帮我把这砖搬到屋后去吧！”

乞丐生气地说：“我只有一只手，你还忍心叫我搬砖？不愿给就不给，何必捉弄人呢？”

女主人并不生气，俯身搬起砖来，她故意只用一只手搬了一趟说：“你看，并不是非要两只手才可以干活，我能干，你为什么不能呢？”乞丐怔住了，他用异样的目光看着妇人，尖突的喉结像一枚橄榄上下滑动了两下，终于他开始搬砖了。他整整搬了两个小时才把砖搬完，累得气喘如牛，脸上有很多灰尘，几绺乱发被汗水粘在了一起，歪贴在额头上。妇人递过来一条白毛巾，乞丐接了过来，很感激地说：“谢谢您！”妇人说：“你不用谢我，这是你自己凭力气挣的工钱。”乞丐说："我不会忘记您的，这条毛巾给我做个纪念吧！"说完他深深地鞠一躬就走了。

过了很多天，又来了一个乞丐，那妇人把乞丐领到砖前说："把砖搬到我指定的地点，我给你20元钱。"这位双手健全的乞丐却鄙夷地走开了。妇人的孩子不解地问母亲："为什么叫他们把砖搬来搬去呢？"妇人说："砖放在哪里都一样，可搬不搬对乞丐可就不一样了。"此后还来过几个乞丐，那堆砖也就来回搬了几趟。

若干年后，一个很体面的人来到了这个庭院。他西装革履，气度不凡，跟那些自信、自重的成功人士一模一样。美中不足的是，这人只有一只手，另一边是一条空空的衣袖，一荡一荡的。来人俯下身拉住有些老态的女主人说："如果没有你，我还是一个乞丐，可是现在我是一个公司的董事长。"独臂的董事长要把妇人连同她的家人迁到城里去住，过好日子。妇人说："我们不能接受你的照顾。""为什么？""因为我们一家人各个都有两只手。"董事长伤心地坚持着："夫人，你让我知道了什么叫人，什么叫人格，那房子是你教育我应得的报酬。"妇人终于笑了："那你把房子送给连一只手都没有的人吧！"

流程和谐

团队工作需要有合理的流程，人与人在组织中相处需要遵循一定的游戏规则。我们希望团队能够和谐统一，行动一致，团队成员之间都保持简单良好的互助关系，但随着团队的壮大发展，“简单”往往难以维持。大中型团队管理中会出现形形色色的问题，无章可循，处理不当，往往会带来重大的消极影响，严重地挫伤团队工作士气，影响工作氛围。

作为管理者我要熟悉以下工作流程规则：

规范规则一：上级不越级指导可越级调查，下属不越级汇报可越级投诉。这一规则能够防止上下级工作中的权力干扰。遵循这一规则有利于对下级干部充分放权并不失监督，有利于激发下级干部的工作积极性，也有利于及时帮助下级干部纠正工作中的偏差，还有利于帮助下级干部戒除骄傲自满的情绪，减少滥用职权的行为。

规范规则二：旁部门之间，领导不越权用人，下属不偏轨请示。这一规则能够防止干部员工跨部门干扰。遵循这一原则有利于强化团队的向心意识，减少矛盾及消极因素的滋生。

为了弥补规范规则僵化的不足，作为管理者要积极寻求和其他部门人员的合作，寻求灵活高效的补充措施，营造和谐互助的工作氛围。

灵活规则一：旁部门之间积极需求高效协作的谅解机制。这一规则需要各部门负责人之间达成默契，做好约定。针对需要密切配合的工作，进行交叉分工，交叉互动互助。达成谅解机制，有利于减少工作环节，提升工作效率。

灵活规则二：自发形成高效结果导向的援手意识和宽容意识。这一规则是需要管理者能够以组织成果为目标导向，凡是有利于高效达成组织成果的行为，都予以包容和支持。这一规则能够得到理解，则能够激发组织成员的主动意识，就像打篮球一样，任何人都能够做到及时补位，给予团队伙伴及时有效的支持。

作为管理者，我们都期望团队达到一种超越各种规则的理想状态，即所有团队成员都有强烈的主人翁的心态，并保持团队高度的凝聚力，形成和谐共处，互相帮助，彼此体谅的团队氛围。我需要清醒地认识到这种理想的状态绝不是一朝一夕能够形成的，团队小的时候容易做到，团队大了就会出现很多问题，只有在团队成长的过程中让团队成员遵守一定的规则，长期坚持下去形成工作的文化氛围，才能不断地接近理想状态。在日常的管理工作中，需要一方面强调“没有规矩不成方圆”，引导大家遵守规则；另一方面需要不断地给团队成员畅想理想的团队状态，让团队有“方”也有“圆”，健康发展。

【经典传承】

两头驴，被一根绳拴住了，它们的两边各有一堆草。它们各自走向自己这边去吃草。可是绳子不够长，两头驴都吃不到自己那堆草。

经过思考，它们共同协作，先吃一边的草再吃另一边的草。

它们能看到共同的利益而进行协作，如果它们互不相让只看到自己眼前的利益，将谁也吃不到草。

春秋战国时期，赵国优秀将领廉颇以英勇善战闻名，立下无数战功，地位很高。蔺相如当时是一位赵王身边宦官的门客，被推荐完成送和氏璧换取秦国十五座城的任务。

当时秦国强大，大家都知道送去和氏璧也得不到秦国的城池，不送又怕得罪秦国。蔺相如肩负国家利益和荣辱，冒着生命危险以聪明才智和胆识完璧归赵，得到赵王赏识和封赏。不久秦赵两国国君在渑池相会，蔺相如又立大功，为赵国挽回面子。赵王封他为上卿，官位在廉颇之上。

廉颇对蔺相如不满，觉得自己在沙场上为赵国拼命，攻下无数城池，立下汗马功劳，蔺相如动动嘴皮子就比自己功劳还大，很不服气。蔺相

如得知廉颇对自己有意见后，处处忍让。别人说他是怕廉颇，他却说："秦王我都不怕，难道能怕廉将军？现在秦国不敢入侵，因为赵国有得力将相，一旦我们不和，就会削弱赵国力量，秦国趁机入侵怎么办？我不论功争权，为的是国家大局、将相的共同利益！"此话传到廉颇耳里，廉颇也是深明大义之人，主动负荆请罪。将相和的佳话流传至今。

登高望远

作为管理者需要登高望远，一个团队为了什么、盯着什么工作，决定了这个团队的格局境界。一个团队的格局境界决定了这个团队的战斗力和发展潜力。

制度设计中既要关注到团队成员个人的需求，又要践行组织使命；既要关注到团队成员物质需求，又要兼顾到他们的精神诉求；既要考虑团队成员的眼前得失，又要考虑到长远发展。工作过程中重点是要做好团队成员的教育引导，将团队成员的注意力引导到比学习、比成果，注重长远利益、注重集体荣誉、注重发展大局的层面上去，不断地训练强化，让组织的使命深入干部员工的内心，浸入灵魂。

人都是在为自己努力，工作时请不要叫苦叫累。苦累不仅仅只是一种生理状态，也是一种心理状态。生理的苦累易恢复，心里的苦累像幽灵般萦绕，身体累不算累，心里累才累死人。每一份付出都是自己成长的基石，看似没得到理想的回报，实际上是得到了知识和技能的提升，这才是最珍贵的。是自己的选择就不要叫苦叫累，没有人愿意为你的抱怨买单。盯着收获会快乐多，过多妄想会遗憾多，任何一天不快乐都是人生的重大损失，为一时的快乐而冲动行事造成更长远的不快乐是极大的蠢行。

在集体中得道多助，失道寡助。个人的能量是渺小的，有他人的帮助和影响，才能不断突破成长。个人为集体的付出，必会得到倍增的回报。愿意为集体利益和荣誉奋斗的人必会在集体的推动下拾级而上，能够为集体做出重大贡献的人必能得到集体给予的肯定和激励，必能得到尊重和追捧。盯着自己的奉献，懂得为集体奋斗是名利双收的智慧。

注重成果是团队发展的铁律，只认功劳不认苦劳，拿着所谓苦劳邀功请赏是弱者和离心离德者的丑行。能够创造价值的人才有价值，一味消耗资源的人是组织中的“乞丐”。能够不断出成果的团队才是有前途的团队，有信心、有决心、有能力，能做出成果的人才是真正的人才。

向上的台阶只属于积极用心的人。组织为每一位成员提供了向上的可能。上帝为每个人提供了成长的阶梯，只有懂得珍惜，积极用心的人才能拨开云雾拾级而上，只有目标在高处的人才会忍住向上的酸痛，而不是选择逃离。

使命感造就了超凡脱俗的灵魂。使命感是激发内在潜能的巨大内力，找到使命感是人生最高级别的快乐，终生能为一个伟大的使命而奋斗是莫大的幸福。使命让人们具备强大的吸引力和创造力，让人们的灵魂得以升华，超凡脱俗。

【经典传承】

故事一：宋朝有一个叫吕文靖的人，他有四个儿子，二儿子叫公著。

在四个儿子年纪还小的时候，有一天，吕文靖对夫人说：“咱们的四个儿子将来都能成才，但不知道哪个是宰相之才，我要考验他们一下。”

于是，当四个孩子都在院子里玩耍的时候，吕文靖吩咐一个小丫鬟，手里拿一件玉器，走到门边的时候，故意将玉器掉落在地上，玉器就碎了。这时，四个孩子中，有三个孩子“啊呀”了一声，急忙去报告夫人，只有老二公著，凝然不动声色，好像什么事也没发生一样。

吕文靖见此情形，就问公著：“玉器碎了，你为什么一点儿也不着

急呢？”公著平静地回答：“已经碎了，急有何用呢？不如不去想它。”

吕文靖于是告诉夫人说：“公著这个孩子，将来可当宰相。”后来，公著果然做到了宰相的位置。

故事二：周恩来在沈阳读书的时候，只是个十二三岁的少年。他学习非常勤奋、刻苦，常常和老师同学一起讨论自己在阅读书报时思考的问题。当时他们讨论得最多的是怎样救国和宣传救亡的问题。

周恩来在课堂上认真听讲，认真完成课外作业，尊敬老师，团结同学，有礼貌，守纪律。他特别注意课外阅读，来弥补课堂上学习的不足。他所读的书报，范围也比较广泛，除了社会科学的书籍外，自然科学和军事科学的书籍也是他喜爱的读物。他还能把几本书的内容对照起来阅读，加以比较，探求最科学的内容和答案。

有一天，东关模范高等学堂的魏校长把同学们召集起来，问大家：“读书为了什么？”

有的同学说：“为了给自己将来找条出路。”

有的同学说：“为了能发财致富。”

还有个同学说：“为了帮助父母记账。”原来他的父亲是个商人。

魏校长问周恩来：“你呢，为什么读书？”

周恩来站起来，大声地说：“为中华之崛起而读书。”意思是说为了中华民族的强大兴盛，像巨人一样挺立在世界而读书学习。

老师和同学们都敬佩地望着他。

周恩来在小学三年，学习成绩始终名列前茅，他的作文曾经被选送到省里，作为小学生的模范作文印行，这篇题目为《东关模范学校第二周年感言》的文章，后来还收入上海进步书局出版的《学校国文成绩》和上海大东书局出版的《中学国文成绩精集》这两本书里。这篇 900 多字的文章写得非常精彩，其中对于老师、同学充满着热情的希望，希望师生一道以担负“国家将来艰巨之责任”。这对一个 13 岁的孩子来说是非常难能可贵的。

团队之颂

我们是优秀的团队，我们有明确的使命和愿景。立大愿者生大能，志高远者成大事。我们是一群怀揣梦想的人，我们愿将自己的生命“点燃”，去照亮周围的世界，我们愿用拼搏的一生去印证这是个充满希望的世界。我们是一群有野心的人，我们的愿望宏大遥远，但我们坚定地相信目标定能实现。我们的使命能让人间有更多真善美，崇高且厚重，我们愿用一生去践行。

我们是优秀的团队，我们有超强的执行力。我们相信组织，相信领导，相信伙伴，相信自己，相信我们的服务，相信人们对真诚和善意必然的接纳，我们有建立在相信基础上超强的执行力。我们相信“相信的力量”，我们相信“相信”带给我们的激情和行动必能排山倒海。剑之所指，必定攻克，我们相信超强的执行力是我们团队最强劲的利器。

我们是优秀的团队，我们高度凝聚，高效协作。我们简直就是一支训练有素的军队，在这没有硝烟的战场上，我们荣辱与共！为了拿下我们既定的目标，为了团队的荣誉和利益，我们结下只进不退的心灵契约。在冲刺的路上，我们高度凝聚，高效协作，我们的团队是战无不胜的雄狮！

我们是优秀的团队，我们无比坚强、坚韧。成功的路上到处是坎坷，荆棘丛生，我们的脚下处处险滩；成功的路上电闪雷鸣，暴雨倾盆，我们的头顶阴霾重重。成功的路如履薄冰，可是我们无比坚强、无比坚韧，我们能够忍受常人不能忍受的苦难，我们能够做到常人不能做到的坚持。我们坚定地相信生命不止，战斗不息，坎坷会被夷平，阴霾终究散去。

我们是优秀的团队，我们拥有超强的学习力，不断突破创新。学习力是核心的竞争力，不断突破创新才能永保领先地位。我们的团队最令人骄傲的一点就是在这里，我们为了学习成长不吝惜时间，我们为了突破创新不吝惜付出。我们相信自己已经找到了世间最高端的智慧，没有比学习成长更有价值的投资，没有比突破创新更为幸福的创举。

我们是优秀的团队，我们是真心相依的一家人。经过长时间的共同学习、共同成长、共同奋战、共同生活，我们已经成了一家人。这许久以来，没有人像我们一样朝夕相处那么长时间；这许久以来，没有人像我们一样拥有共同的语言；这许久以来，没有人像我们一样拥有同一个梦想；这许久以来，没有人像我们一样心灵相依，我们是家人，我们是同学，我们是战友，我们唱同一首歌，为同一个梦真心相依！我们在成功的时候狂欢，我们在失意的时候洒泪，我们相约共赴人生宏图，共享人世繁华！一家人一个梦，一起拼一定赢！

【经典传承】

故事一：有一天，一个老人路过一块地，看见两个人拼命地干活，一个人一直在拼命地挖着坑，一个人在拼命地填土。老人很好奇，就走上前看他们在做什么。可是老人看了半天，怎么看也看不出他们是在做什么，不像是找什么宝贝。最后实在忍不住想知道他们在干吗，就问他们：“你们是在干什么呢？”

你们知道他们是怎么回答的吗？

他们是这样回答的：“我们是在种树，本来是有三个人一起分工的，今天种树的没有来，我是负责挖坑的，所以我只管我挖的坑活。”另一个人也说了，他是负责填土，只管填土的话，别的不关他的事。

故事二：两千多年前的楚汉相争，项羽勇猛无比，力大能拔山，然而最终得天下的，不是项羽，而是刘邦。

因为刘邦网罗了很多人才，有三杰的韩信、张良和萧何，有宰狗的樊哙，赶车的夏侯婴，帮人做丧事的周勃，还有陈平、英布等，组成了一个人才济济的智囊团。但是项羽生性多疑，不能够任人唯贤，连一个范增都留不了，最后落得一个兵败身亡的下场。

刘邦的胜利，是团队的胜利。刘邦建立了一个人才各得其所、才能适得其用的团队；而项羽则仅靠匹夫之勇，没有建立起一个人才得其所用的团队，所以失败是情理之中的事。所以刘邦的胜利是一个团队对一个单人的胜利。

本章小结

谨以此章献给热爱管理工作，执着追求梦想的人们。管理是一门复杂的学问，又是一门高深莫测的艺术，本章所列内容仅是沧海一粟，九牛一毛，难以面面俱到。希望读者仅将其作为管理的简约读本或清晨诵本，用于日常工作中（尤其营销管理工作）开拓思维，调整心态，检查精进，如有些许启发，则作者即备感欣慰。

爱上管理是超越自我，追求大我，追求大爱，大舍大得的开始；爱上管理是呼朋唤友，呼风唤雨，创造奇迹，演绎精彩人生的开始；爱上管理是选择了一条不平坦却精彩纷呈的道路；爱上管理是选择了一趟无怨无悔、充满传奇的人生旅程。

一句话，一本书，一个人，一件事可能影响和改变人的一生，愿这章“爱上管理”能够在您的人生中有所助益。